国家重点图书出版规划项目 十二五

辽河流域水污染综合治理系列丛书

辽河流域
制药废水处理与资源化技术

Pharmaceutical Wastewater Treatment and Resource
Technology in Liao River Basion

曾　萍　宋永会　编著

U0251806

中国环境出版集团 · 北京

图书在版编目（CIP）数据

辽河流域制药废水处理与资源化技术/曾萍，宋永会编著. —北京：中国环境出版集团，2019.11
ISBN 978-7-5111-4208-5

Ⅰ. ①辽… Ⅱ. ①曾…②宋… Ⅲ. ①辽河流域—制药工业—工业废水处理—研究 Ⅳ. ①X703

中国版本图书馆 CIP 数据核字（2019）第 289786 号

出 版 人　武德凯
责任编辑　葛　莉
责任校对　任　丽
封面设计　彭　杉

出版发行　中国环境出版集团
　　　　　（100062　北京市东城区广渠门内大街 16 号）
　　　　　网　　　址：http://www.cesp.com.cn
　　　　　电子邮箱：bjgl@cesp.com.cn
　　　　　联系电话：010-67112765（编辑管理部）
　　　　　发行热线：010-67125803，010-67113405（传真）
印　　刷　北京中科印刷有限公司
经　　销　各地新华书店
版　　次　2019 年 11 月第 1 版
印　　次　2019 年 11 月第 1 次印刷
开　　本　787×1092　1/16
印　　张　16.25
字　　数　316 千字
定　　价　65.00 元

本书编委会

主　编：曾　萍　宋永会

编　者：段　亮　肖书虎　魏　健　都基峻　李　娟

　　　　崔晓宇　向连城　钱　锋　王良杰　韩　璐

　　　　张临绒　任越中　刘诗月　于华中　成璐瑶

　　　　涂　响　颜秉斐

序

辽河流域是全国著名的老工业基地，集中了以化工、石化、制药、冶金、印染等为核心的产业集群。辽河是中国七大河流之一，辽河流域经济快速增长将带来更大的水环境压力，水环境形势十分严峻。辽河流域水污染发展趋势体现了污染物排放总量降低，水环境质量不高且面临较大风险，结构型污染物排放特征依旧明显，氨氮污染加剧，区域特征污染物排放量大等特点。

"十二五"期间，国家水体污染控制与治理科技重大专项（简称"水专项"）在辽河流域针对制药行业废水开展了大量的技术攻关和研发，并取得了显著的成效和技术突破。《辽河流域制药废水处理与资源化技术》一书，以流域制药行业污染问题的解决和行业污染治理技术体系构建为导向，分析了我国和辽河流域制药行业概况和污水排放特征，报道了水专项针对流域制药行业污染开展的最新技术研发成果，同时也介绍了我国制药行业废水常用的处理和资源化技术，以及这些技术在辽河流域制药废水处理中的应用。该书是编著者多年在辽河流域开展水污染防治技术研发和工程示范基础上完成的，内容具有很强的科学性、针对性和实用性，将有力支撑辽河流域制药行业废水污染治理和水环境质量改善。

辽河流域制药行业废水污染控制技术的研发及工程应用，将进一步提升辽河流域制药行业废水污染治理的技术水平，而且还可为国内其他流域水污染治理提供重要参考，推动提升我国流域水污染治理技术的整体水平。

中国工程院院士

前　言

　　制药行业是国民经济发展的支柱产业之一，自 2009 年开始我国已成为世界上最大的原料药出口国。我国生产的常用药物达 2 000 种左右，按其特点可分为抗生素、有机药物、无机药物和中草药四大类。不同种类的药物采用原料的种类和数量各不相同，生产工艺及合成路线区别也较大，导致不同品种药物生产工艺产生的废水水质和特点也存在较大的差异。制药工业废水按对应的生产工艺和水质特点可分为化学合成制药废水、生物发酵制药废水、中成药生产废水及各类制剂生产过程中的洗涤水及冲洗水。其中最难处理的是化学合成制药废水和生物发酵制药废水。制药废水的水质特点是废水组成复杂，除含有抗生素残留物、抗生素生产中间体、未反应的原料外，也含有少量合成过程中使用的有机溶剂，还含有氰化物及挥发酚等有毒有害物质，处理难度极大，该类废水的处理一直是当前的研究热点。

　　辽河流域是全国著名的老工业基地，传统的工业产业发展有近 60 年的历史，集中了以化工、石化、制药、冶金、印染等为核心的产业集群。制药废水的排放给辽河流域水环境和水生态带来了很大压力。近年来，国家"水体污染控制与治理科技重大专项"在辽河流域针对制药行业废水开展了大量的技术攻关和研发，并取得了显著的成效和技术突破。本书主要取材于国家水专项"浑河中游工业水污染控制与典型支流治理技术及示范研究（2008ZX07208-003）"课题和"辽河流域有毒有害物污染控制技术与应用示范研究（2012ZX07202-002）"课题的研究报告、设计文件和发表的论文，课题主要承担和参加单位包括中国环境科学研究院、东北制药股份有限公司、大连理工大学等。在全书的编著过程中得到了中国化学制药协会张道新高级工程师、东北制药股份有限公司刘峰高级工程师、郭晓春处长、杨楠工程师、杨洋工程师和大连理工大学杨凤林、张捍民、徐晓晨等老师的无私帮助和大力支持。中国环境科学研究院的曾萍、崔晓宇、魏健、段亮、吕纯剑等同志在现场试验和设备运行调试过程中发挥了重要作用，曾萍、魏健、崔晓宇、肖书虎、都基峻、李娟、涂响、任越中、王良杰、刘诗月、符昊等同志在本书的文字编辑、插图处理、版式编排等方面做了大量工作。在此，对以上同志表示衷心的感谢！

同时向矢志不渝奋战在制药废水处理一线的工作者和科研人员表示崇高的敬意！

基于本人水平和时间有限，书中难免有疏漏和不足之处，恳请广大读者批评指正。

编　者

2017 年 10 月

目 录

第1章 制药废水的来源与特性

1.1 制药业概况

我国的制药业是在新中国成立以后发展起来的，经过 60 多年的发展，目前已基本形成了化学药品、中成药、中药饮片、生物生化制品、医疗仪器设备及器械、卫生材料及医药用品、制药专用设备等比较配套且较为完善的制药业体系，数量规模已跻身世界前列，在发展中国家中占有明显优势。我国制药业的发展具有鲜明的特点，可概括为"一小、二多、三低"，即规模小，数量多、产品重复多，产品技术含量低、新药研发能力低、经济效益低。我国制药企业竞争力差，环境污染严重，资源和能源浪费严重。制药废水已成为一种严重的污染源[1]。

1.1.1 制药业发展状况

制药业是我国国民经济的重要组成部分，在保障人民群众身体健康和生命安全方面发挥着重要作用。进入 21 世纪以来，我国医药业一直保持着较快的发展速度，产品种类日益增多，技术水平逐步提高，生产规模不断扩大，已成为世界医药生产大国。

在国内，医药业是发展最快的行业之一。工业和信息化部统计数据显示，2012 年我国医药工业总产值为 18 148 亿元，与 2005 年的 4 628 亿元相比，年均增长率达 22%（图 1-1）。

2011 年，我国医药工业企业共计 6 440 家，其中化学药品制剂、化学药品原药、生物药品、中成药及中药饮片的工业企业共计 4 943 家，工业总产值达 13 309.94 亿元；医疗仪器设备及器械、卫生材料及医药用品和制药专用设备共计 1 497 家。

在 4 943 家药品生产企业中，大型企业共计 211 家，所占比重为 4.27%；中型企业共计 967 家，比重为 19.56%；小型企业共计 3 661 家，比重为 74.06%；微型企业共计 104 家，比重为 2.10%。我国医药工业企业数量多、小型企业比重大的特点依然存在。2011 年我国化学药品制剂、化学药品原药、生物药品、中成药及中药饮片的工业总产值构成及其企业数量分布见图 1-2 至图 1-6。

从图 1-2 可以看出，在我国化学药品制剂工业中，中小型企业共计 974 家，占总企业数的 90.94%；大型企业只有 75 家，但其工业总产值达 2 019.48 亿元，占化学药品制剂工业总产值的 47.39%。我国化学制品制剂工业主要以中小型企业为主，但是工业总产值主要集中在大型企业。

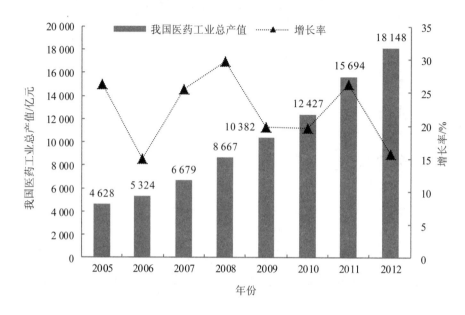

图 1-1　我国医药工业产值及增长率

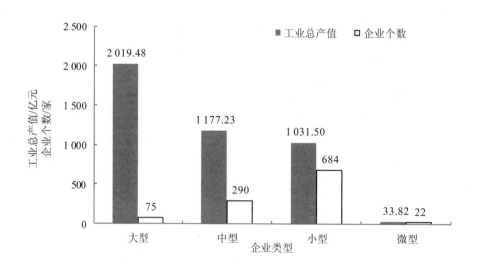

图 1-2　2011 年化学药品制剂工业总产值构成及其企业数量分布

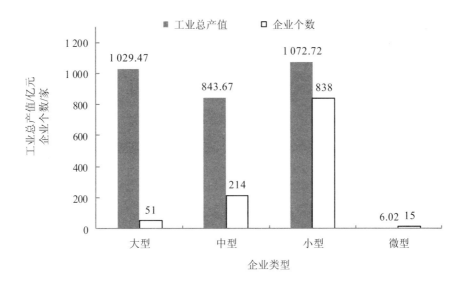

图 1-3　2011 年化学药品原药工业总产值构成及其企业数量分布

由图 1-3 可看出,我国化学药品原药工业小型企业共 838 家,占其总企业数的 74.96%,工业产值占工业总产值的 36.34%。大型企业只有 51 家,但是工业产值占工业总产值的 34.88%。

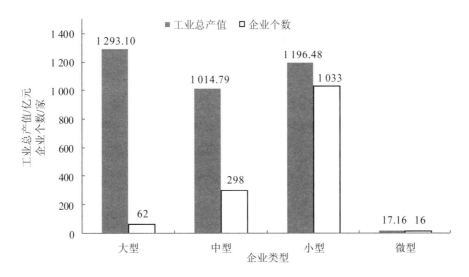

图 1-4　2011 年中成药工业总产值构成及其企业数量分布

由图 1-4 可以看出，2011 年，我国中成药工业共有 1 409 家企业，主要以小型企业为主，共有 1 033 家，占 73.31%，但是其工业总产值只占中成药工业总产值的 33.98%。

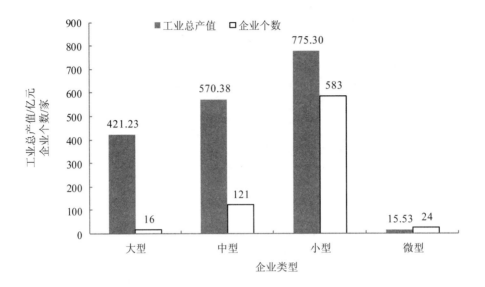

图 1-5　2011 年生物药品工业总产值构成及其企业数量分布

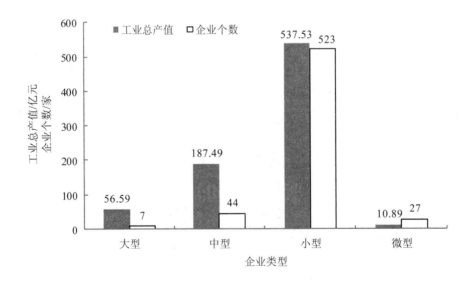

图 1-6　2011 年中药饮片工业总产值构成及其企业数量分布

由图 1-5 和图 1-6 可以看出，我国生物药品和中药饮片企业集中在小型企业，其工业总产值的比重较大，分别占对应工业总产值的 43.49% 和 67.83%。

目前我国已生产的化学原料药品种达 1 600 多种，化学制剂品种达 4 500 多种，2011年总计实现原料药生产 289.87 万 t，化学药品原药制造和化学药品制剂两个子领域合计完成我国医药工业总产值的 45.96% 以上。可见，化学药品原药制造和化学药品制剂依然是我国医药工业的主要组成部分。我国医药行业以小型企业为主，但是为数不多的大型企业的工业产值占工业总产值的比重大。

1.1.2　我国制药行业的分布

我国化学药品原药生产企业（包括发酵类和化学合成类）主要分布在山东、浙江、江苏、河南、河北等省，化学药品原药工业总产值和企业数量地区分布情况见图 1-7。

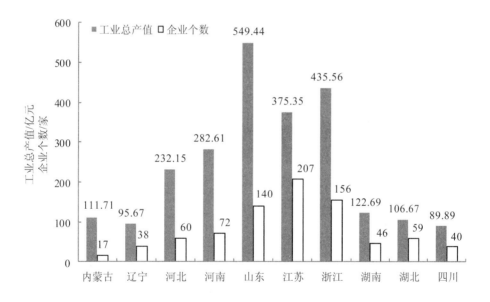

图 1-7　2011 年我国化学药品原药工业总产值和企业数量地区分布

我国化学药品制剂生产企业主要分布在江苏、山东、广东等省，化学药品制剂工业总产值和企业数量地区分布情况见图 1-8。

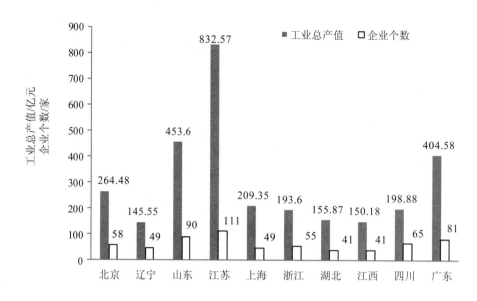

图 1-8　2011 年我国化学制剂工业总产值和企业数量地区分布

我国中成药生产企业主要分布在吉林、四川、山东等省，我国中成药工业总产值和企业数量地区分布情况见图 1-9。

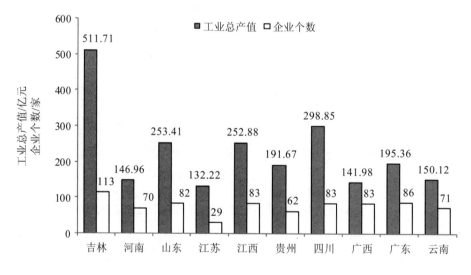

图 1-9　2011 年我国中成药工业总产值和企业数量地区分布

2010 年 10 月 9 日，工业和信息化部、卫生部、国家食品药品监督管理局三部门联合印发了《关于加快医药行业结构调整的指导意见》（工信部联消费〔2010〕483 号）[2]，通过产品结构、技术结构、组织结构、区域结构、出口结构的调整，形成分布合理的综合性医药生产基地。

1.1.3　制药行业分类

美国国家环保局根据制药行业的生产工艺特点和产品类型，将企业分为五个类别：发酵类（A 类）、天然产品提取类（B 类）、化学合成类（C 类）、混装制剂类（D 类）、研发类（E 类）[3]。中国原环境保护部也根据制药工业污染特点将其分为 6 类：发酵类、化学合成类、混装制剂类、生物工程类、提取类以及中药类[4]。

（1）发酵类制药

发酵类制药是指通过发酵的方法产生抗生素或其他的活性成分，然后经过分离、纯化、精制等工序生产出药物的过程，按产品种类分为抗生素类、维生素类、氨基酸类和其他类[5]。其中，抗生素类按照化学结构又分为 β-内酰胺类、氨基糖苷类、大环内酯类、四环素类、多肽类和其他。

（2）化学合成类制药

化学合成类制药是指采用一个化学反应或者一系列化学反应生产药物活性成分的过程，包括完全合成制药和半合成（主要原料来自提取或生物制药方法生产的中间体）制药[6]。化学合成类制药的生产过程主要通过化学反应合成药物或对药物中间体结构进行改造得到目的产物，然后经脱保护基、分离、精制和干燥等工序得到最终产品。

化学合成类制药产生较严重污染的原因是化学合成工艺比较长、反应步骤多，形成产品化学结构的原料只占原料消耗的 5%～15%，辅助性原料占原料消耗的绝大部分。

（3）混装制剂类制药

混装制剂类制药是指用药物活性成分和辅料通过混合、加工和配制，形成各种剂型药物的过程[7]。

（4）生物工程类制药

目前生物工程类制药的概念在业内也互有交叉，有关联的概念有生物药物、生化药物、生物制品、生物技术药品、微生物生化药品等。

生物药物是利用生物体、生物组织或其成分，综合应用生物学、生物化学、微生物学、免疫学、物理化学和药学的原理与方法进行加工、制造而成的一大类预防、诊断、治疗制品[8]。广义的生物药物包括从动物、植物、微生物等生物体中制取的各类天然生物活性物质及其人工合成或半合成的天然物质类似物。但抗生素类由于发展迅速，已经成为制药工业的独立门类，所以生物药物主要包括生化药品与生物制品及其相关的生物医学产品。

（5）提取类制药

提取类药物是指运用物理、化学、生物化学的方法，将生物体中起重要生理作用的各种基本物质经过提取、分离、纯化等手段制造出的药物[9]。提取类药物按药物的化学本质和结构可分为氨基酸类药物、多肽及蛋白质类药物、酶类药物、核酸类药物、糖类药物、酯类药物以及其他类药物。

（6）中药类制药

中药分为中药材、中药饮片和中成药[10]。其中，中药材是生产中药饮片、中成药的原料；中药饮片根据辨证施治及调配或制剂需要，对经产地加工的净药材进一步切、炮制而成；中成药则是用于传统中医治疗的任何剂型的药品。

1.1.4　小结

对我国制药行业的现状分析表明，化学药品原药制造、化学药品制剂和发酵类药品生产依然是我国医药工业的主要组成部分。其中，淮河流域和辽河流域为主要的原料药产地，行业产值高但同时排污量大。研发针对该类制药废水的处理技术，对流域污染的防治具有重要意义。

1.2　制药行业水污染特征

制药废水是工业废水中最难处理的废水之一，以发酵类和化学合成类废水处理难度最大，其污染特征如下。

1）水质成分复杂：制药生产过程中，通常使用多种原料和溶剂，生产工艺复杂，生产流程较长，反应复杂，副产物多，废水成分十分复杂。

2）COD 含量高：有些制药废水中 COD 含量高达几万到几十万毫克/升。这是由生产过程中原料反应不完全产生的大量副产物和大量溶剂排入水体引起的。

3）有毒有害物含量高：废水中含有大量对微生物有毒害作用的有机污染物，如硝基化合物、卤素化合物、有机氮化合物、具有杀菌作用的分散剂或者表面活性剂等。

4）生化性能差：制药废水中含有大量难生物降解的物质，包括抗生素及结构复杂的多环、杂环类芳香族化合物，导致废水生化性能差。

5）色度高：由于生产原料或产物含有如甾体类化合物、硝基类化合物、苯胺类化合物、哌嗪类物质，多数物质色度较高。有色废水阻截光线进入水体，影响水生生物生长。

6）盐分高：制药废水的盐度变化从几千到几万毫克/升，盐度的剧烈变化对废水生化处理系统中的微生物有明显的抑制作用，甚至使微生物死亡。

制药行业各个生产类别的特点十分明显，由此产生的废水各自具有相应的特点。

1.2.1　发酵类制药废水

发酵类制药废水大部分属高浓度废水，酸碱性和温度变化大、碳氮比低[5-6]。发酵类制药废水主要包括：①废滤液（从菌体中提取药物）、废发酵母液（从过滤液中提取药物）、其他废母液，其 COD 多数在 10 000 mg/L 以上，BOD_5/COD 在 0.3～0.5；SS：1 000～6 000 mg/L；②各种冷却水及设备排水，这些废水 COD 通常小于 100 mg/L，但水量大、季节性强企业间差异大；③冲洗水：COD 在 1 000～10 000 mg/L。

绝大部分发酵类制药废水含氮量高、硫酸盐浓度高、色度较高，有的发酵母液中还含有抗生素分子及其他特征污染物，为废水处理带来一定难度。此外，生物发酵过程需要大量冷却水和去离子水，冷却水排污和制水过程排水占总排水量的 30% 以上。发酵类制药废水主要污染因子有 COD、BOD_5、SS、pH、色度和氨氮等。

1.2.2　化学合成类制药废水

化学合成类制药废水大部分为高浓度有机废水，含盐量高，pH 变化大，部分原料或产物具有生物毒性或难被生物降解，如酚类化合物、苯胺类化合物、重金属、苯系物、卤代烃等[5-6]。化学合成类制药废水包括母液类废水、冲洗废水、辅助过程排水、生活污水。其中：①母液类废水处理难度最大，包括各种结晶母液、转相母液、吸附残液等，COD 一般在数万，最高可达几十万毫克/升；BOD_5/COD 一般在 0.3 以下；含盐量一般在数千毫克/升以上，最高可达数万毫克/升，乃至几十万毫克/升，多数作为危险废物进行处理；②冲洗废水包括过滤机械、反应容器、催化剂载体、树脂、吸附剂等设备及材料的洗涤水。冲洗废水浓度较母液低，COD 为 4 000～10 000 mg/L，BOD_5 为 1 000～3 000 mg/L，但处理难度仍然很大；辅助过程排水包括循坏冷却水系统排污，水坏真空设备排水、去离子水制备过程排水、蒸馏（加热）设备冷凝水等，COD 在 100 mg/L 以下。另外厂区生活污水浓度较低，辅助过程排水和生活污水都可生化降解。

化学合成类制药废水污染因子包括常规污染物和特征污染物，即 TOC、COD、BOD_5、SS、pH、氨氮、总氮、总磷、色度、急性毒性、总铜、挥发酚、硫化物、硝基苯类、苯胺类、二氯甲烷、总锌、总铜、总氰化物和总汞、总镉、烷基汞、六价铬、总砷、总铅、总镍等污染物。

1.2.3 制剂类制药废水

制剂类制药废水是六类废水中最容易处理的废水[5-6]，包括纯化水、注射用水制水设备排水、工艺设备清洗废水、包装容器清洗废水、包装容器清洗废水、生活污水。其中纯化水、注射用水制水设备排水、工艺设备清洗废水 pH 为 1~12，COD 在 0~1 500 mg/L 范围，较难处理；包装容器清洗废水、包装容器清洗废水、生活污水等废水的 COD≤400 mg/L、BOD$_5$≤200 mg/L、氨氮≤40 mg/L，可考虑生物法处理。

制剂类制药废水属中低浓度有机废水，污染因子主要有 pH、COD、BOD$_5$、SS 等。

1.2.4 生物工程类制药废水

生物工程类制药废水包括生产工艺废水、实验室废水、实验动物废水、地面清洗废水、生活污水[5-6]，其中生产工艺废水、实验室废水、实验动物废水 COD 质量浓度高，处理难度较大，地面清洗废水、生活污水可作为稀释废水和前面的废水混合处理。

生物工程类制药废水大部分为高浓度有机废水，含盐量高；pH 为 6~9，且 pH 变化大，COD 在几千到 15 000 mg/L，BOD 为几十到 7 000 mg/L，氨氮约 10 mg/L，部分原料或产物具有生物毒性或难被生物降解。污染因子包括常规污染物和特征污染物，即 TOC、COD、BOD$_5$、SS、pH、氨氮、总氮、总磷等污染物。

1.2.5 提取类制药废水

提取类废水主要包括原料清洗废水、提取废水、精制废水、地面清洗废水、生活污水[5-6]，其中提取废水、精制废水、地面清洗废水成分基本相同，浓度较高，原料清洗废水和生活污水的浓度较低。提取废水是提取类制药废水的主要废水污染源。

提取类制药中提取的原材料中的药物活性组分含量较低，通常为万分之几毫克/升。在提取过程中，大量的原材料经过多次以有机溶剂或酸碱等为底液的提取过程，体积急剧降低，药物产量非常小，废水中含有大量的有机物，COD 较高。在精制过程中会继续排放以有机物为主的废水，排水量及污染程度根据所提取产品的纯度要求和采用的工艺有所不同，但总体而言，其污染程度要比提取过程小得多。

1.2.6 中药类制药废水

中药制药废水主要含有各种天然的有机物，其主要成分为糖类、有机酸、苷类、蒽醌、木质素、生物碱、单宁、鞣质、蛋白质、淀粉及它们的水解物等[5]。制药废水中含有许多生物难降解的环状化合物、杂环化合物、有机磷、有机氯、苯酚及不饱和脂肪类化

合物。这些物质的去除或转化是制药废水 COD 去除的重要途径。中药材废水主要污染物
为高浓度有机物，对于中药制药工业，由于药物生产过程中不同药物品种和生产工艺不
同，所产生的废水水质及水量有很大的差别，而且由于产品更换周期短，随着产品的更
换，废水水质、水量经常波动，极不稳定。中药废水的另一个特点是有机污染物浓度高，
悬浮物尤其是木质素等比重较轻、难以沉淀的有机物含量高，色度较高。废水的可生化
性较好，多为间歇排放，污水成分复杂，水质水量变化较大。

1.3　制药废水的危害

制药废水的有机污染物浓度高、盐浓度高，难降解的有机物种类多且比例大，有毒
有害物质含量高且毒性大，废水可生化性差，水质水量随时间波动性大，是一种危害极
大的工业废水。未经处理或者未达到排放标准而直接进入环境，将会造成严重的危害[6]。

（1）消耗水中的溶解氧

水中的有机物氧化分解，消耗水中的溶解氧。如果有机物含量过大，生物氧化分解耗
氧的速率将超过水体复氧速率，水体便会缺氧或者脱氧，造成水体中好氧生物死亡、厌氧
生物大量繁殖，产生甲烷、硫醇、硫化氢等物质，进一步抑制水生生物，使水体发臭。

（2）破坏水体生态平衡

制药废水中含有大量的杀菌或抑菌物质，排入受纳水体后，会影响水中藻类、细菌
等微生物的正常代谢，进而破坏整个水体的生态平衡。

（3）致病性

制药废水中含有的化合物通常具有致畸、致突变的危害，排入受纳水体后不仅会造
成水生动植物的中毒和水生环境的恶化，而且还会通过水体、大气和水生生物的传递间
接威胁人类的健康。另外，废水中的有机物通常是难降解有机物，具有长期残留性，逐
渐在环境中富集，进而影响人类的健康。

1.4　制药行业特征污染物及污染状况分析

制药行业的发展，创造了丰富的物质产品。但由于生产、使用与废弃等过程不当
而产生的有毒有害物质，已经对环境造成了污染，引发环境安全危机。这些有毒有害物
质又通过食物链进入人体，对人类产生种种危害与潜在威胁。水体中有毒有害化学物质
污染已成为世界各国科技界和政府所关注的新热点，是环境保护面临的紧迫问题。我国
在有毒有机污染物研究领域起步较晚，研究基础薄弱。

目前，我国水环境的污染正逐步向有机污染的方向演化。我国水中有机物的检测通常采用综合指标，如 TOC、COD、BOD₅、挥发酚、石油类等反映有机污染状况，以此作为制定水环境综合整治规划及设计污水处理设施的基本依据[7]。但是这些综合指标无法体现水中以微克/升或者更低浓度存在的有机物的毒性、难降解性和生物累积性，也无法表征有机物的污染状况。因此，除了综合指标，还应该增加反映微量或者痕量有机污染物的指标，并且对这些有机物进行筛选，优先控制。

参考文献

[1] 《制药工业污染防治技术政策》编制组.《制药工业污染防治技术政策（征求意见稿）》编制说明[M]. 北京：中国环境科学出版社，2009.

[2] 工业和信息化部，卫生部，国家食品药品监督管理局. 关于加快医药行业结构调整的指导意见，http://www.gov.cn/gzdt/2010-11/10/content_1741868.htm.

[3] U.S. Environmental Protection Agency. EPA Office of Compliance Sector Notebook Project：Profile of the Pharmaceutical Manufacturing Industry[M]. Washington：U.S. Government Printing Office，1997.

[4] 《制药工业污染物排放标准》编制组.《制药工业污染物排放标准》编制说明[M]. 北京：中国环境科学出版社，2007.

[5] 《制药工业污染防治可行技术指南》编制组. 制药工业污染防治可行技术指南（征求意见稿），http://www.mee.gov.cn/gkml/hbb/bgth/201501/t20150116_294288.htm.

[6] 刘峰. 综合制药废水生物处理工程化技术研究[D]. 吉林：吉林大学，2008.

[7] 陈晓秋. 水环境优先控制有机污染物的筛选方法探讨[J]. 福建分析测试，2006，15（1）：15-17.

[8] CHEN X Q. Discussing on the filtering method of prior controlled organic pollutants in water[J]. Fujian Analysis & Testing，2006，15（1）：15-17.

第2章　制药废水处理概况与技术发展趋势

2.1　制药行业废水处理技术简况

20世纪中叶以后，欧洲、美国和日本等国家开始重视制药废水的污染问题，并且开发出处理技术，应用十分活跃。但20世纪80年代后，发达国家转移制药工业的重点，放在高附加值新药的生产上，生产地逐步转移到中国、印度等发展中国家，因此发达国家对制药废水的研究和应用逐步减少[1]。目前，针对制药行业不同的有毒有机污染物，多年来已经发展了一系列处理技术。处理工艺大致可分为两大类：预处理工艺和生化处理工艺。

目前国内外用于制药行业有毒有害物的预处理方法主要有以下几种[2]：内（微）电解法、气浮法、吸附法、混凝沉淀法、Fenton氧化法、臭氧氧化法、电化学氧化法、超声降解法、湿式氧化法、光催化氧化法和超临界水氧化法等[3-13]。

生物处理工艺技术成熟，设备简单，管理方便，价格低廉，广泛应用于制药废水有毒有害物的处理。主要包括厌氧生物处理工艺、好氧生物处理工艺和厌氧-好氧组合生物处理工艺。

目前，用于处理制药废水的厌氧生物处理工艺主要包括上流式厌氧污泥床（UASB）、膨胀颗粒污泥床反应器（EGSB）、厌氧折流板反应器（ABR）等[14-16]。

好氧生物处理工艺是指在有氧的条件下，利用兼性微生物和好氧微生物对污染物进行处理的方法。具有处理速度快、效率高、基建投资少等优点。但是，好氧生物处理工艺需要对原水进行稀释，因此动力消耗较大，且废水的可生化性能差，通常需要先进行预处理。常用于制药废水处理的好氧生物处理工艺包括深井曝气法、序批式活性污泥法（SBR）、膜生物反应器工艺（MBR）、生物接触氧化法、普通活性污泥法等[17-20]。

2.2 制药行业废水处理的发展历程

1913 年，活性污泥法应用于英国的曼彻斯特市的城市综合废水处理[21]，其在制药废水的处理开始于 20 世纪 50 年代。由于工业生产的发展导致废水量不断增加，工业排水已受到市政当局限制，特别是位于江河湖泊或大城市附近的大型制药厂，受到市政当局的压力更多。他们希望对废水处理技术进行更新，一些条件较好的制药厂便开始研究制药厂废水生化处理技术。美国制药厂从 20 世纪 40 年代开始进行生化处理研究到 70 年代技术基本成熟，大体可分为萌芽期、初始期、发展期和成熟期四个阶段[22]。

（1）萌芽期

该阶段指 20 世纪 40 年代中期至末期。普强药厂、李德尔药厂及雅培药厂等企业发展了一条新途径，即制药废水先初步处理（中和沉淀和氧化消毒等），再送至市政污水处理厂进行生化处理。在那之后制药废水的处理基本在这条途径的基础上进行着改进、发展和完善。而有的制药厂，如 1947 年的李德尔药厂，已建成包括旋转粗筛沉淀池、两个 45.46 m³ 贮留池、除油池、曝气凝聚池、生化滤池和氯化池在内的初具规模的实验性废水处理车间。贮留池的设置是为了调节日夜间的有机负荷。废水以石灰或氢氧化钠调节 pH 到 7～7.5，出水 BOD_5 通常为 75～225 mg/L，还有部分废水是直接以生活污水稀释，使 BOD（含悬浮固体）浓度介于该厂废水与市政污水最高浓度之间。1945 年，普强药厂发现青霉素废水需用生活污水稀释 4～9 倍，并预曝气 4 h 后才能在后续的生物滤池处理中获得较好的效果。到 1948 年，该厂已建成包括两座 11.4 m³ 曝气池，两座 218.4 m³ 的初沉池、氯化池和污泥消化池等的废水处理车间，其处理能力为 3 000 m³/d 和 1 200 kg BOD/d，1949 年开始试运转，容积负荷为 15～17 kg BOD/（28 m³·d），BOD 平均去除率为 92%～96%。

（2）初始期

这个时期大约从 20 世纪 50 年代初期到中期，各药厂经过初期的尝试，建立了废水处理车间，其中大多为高负荷生物滤池，也出现了二段滤池处理工艺，如普强药厂、李德尔药厂、默克公司斯通沃尔药厂、梯坡勘诺药厂等。通过比较发现，活性污泥处理制药废水处理能力显著高于生物滤池，雅培药厂等开始运行一些生产规模的装置。

经过 1950—1951 年的正式运行，普强药厂对工艺上进行了改进，在保证 BOD 去除不变的情况下，容积负荷提高到 26.5 kg BOD/（28.3 m³·d），系统的处理能力提高了 70%。1952 年，由于新抗生素投产使废液浓度增高，普强药厂再次进行工艺改造，利用原有装置，构建二段滤池处理系统。该系统使 BOD 负荷能力由约 1 200 kg/d 提高到约 1 700 kg/d，BOD 去除率达 95%～98%，出水中含 BOD 不超过 45 kg。

（3）发展期

该阶段约处于 20 世纪 50 年代末至 60 年代初。这个阶段，废水的生化处理技术已经在以格陵费尔德药厂、费歇尔药厂、孟山都公司罗本药厂、默克公司切罗奇药厂及惠斯药厂等为代表的美国制药工业中有了快速的推广和普及。另外，废水生化处理技术获得发展，最具代表性的是活性污泥法技术，它的曝气方式做了重大改进，解决了供氧不足的问题，涡轮曝气也得到普遍采用，这使活性污泥法的发展速度超过生物膜法。

（4）成熟期

该时期大约在 20 世纪 60 年代中期到 70 年代中期，其情况如下：①废水生化处理技术日趋成熟，处理工艺得到不断改进、完善；②为满足环保当局日益严格的出水要求，废水的多级处理系统得到发展；③生物滤塔、纯氧曝气等新构型、新工艺等随着废水处理新技术的研发不断涌现；④部分药厂能够达到出水循环利用。

2.3　制药行业废水处理的发展趋势

2.3.1　技术发展趋势评估的方法

2.3.1.1　总体检索

（1）文献总体检索可用来查询并分析子领域文献发表的总体数量等。制药废水处理文献总体检索的检索式确定为：

CNKI 的检索式："主题=（制药废水）"和"主题=（处理）"；时间跨度：1985-01-01—2013-12-31.

SCI 的检索式："主题=（waste\$water OR effluent OR sewage OR discharg*）" AND "主题=（pharmaceutic* OR medicin* OR drug OR hospital）"AND"主题=（treat* OR remove*）"；时间跨度=1985—2013 年；数据库=Sci-Expanded.

注："*"是一种逻辑符，在文献检索中表示可以替代任何一个字符。

选择跟制药废水处理研究相关的学科领域，进一步缩减检索结果。精简的五个学科领域分别为：环境科学（Environmental Science）、生物技术应用微生物学（Biotechnology applied microbiology）、环境工程（Engineering environmental）、水资源工程（Engineering civil and water resources）；精简的文献类型为研究型论文（Article）。国家文献统计时注意英国需要把英格兰（England），苏格兰（Scotland），威尔士（Wales）和北爱尔兰（North Ireland）的文献合并。然后在此基础上，分析各国在不同时间年度的发文。分析中国的数据时需要把中国大陆、香港、澳门和台湾地区的也合并在一起。

（2）专利总体检索可以反映各国对于制药废水处理实用技术的研究开发现状。制药废水处理专利总体检索的检索式确定为："国际专利分类=（C02F*）"和"主题=（waste$water OR effluent OR sewage OR discharg*）"和"主题=（pharmaceutic* OR medicine* OR drug OR hospital）"和"主题=（treat* OR remove*）"；学科限制=（Water resource、Engineering、Biotechnology&applied microbiology）；数据库= CDerwent、EDerwent、Mderwent；时间跨度=1985—2013 年。检索结果可以按照国际分类号、专利权人、年度等进行分析。譬如，上述检索式添加另一字段，专利号=（CN*），即可得到中国专利的发表情况。依次可得到美国 US*、日本 JP*、欧专局 EP*、印度 IN*、法国 FR*、世界知识产权组织 WO*、韩国 KR*、俄罗斯 AU*的专利发表情况。

2.3.1.2 研究热点及方向检索

对于制药废水处理的研究热点及方向可以从关键词的发展演替角度分析。

对于世界主流技术的分析方法为不限定国家，将检索的所有制药废水处理文献导入 Endnote，通过分析关键词，筛选关于制药废水处理技术的关键词，按照词频率排序。可大体得到世界制药废水主流技术的排序，确定各主流技术的检索式，统计各主流技术的发文数，即可得到主流技术的发展趋势。

主流技术：提取（extrac*）；活性污泥（activated sludge）；臭氧（ozon*）；吸附（adsorption）；非采用膜的过滤（filt* NOT membrane）；光化学或光催化（photochem* OR cataly*）；芬顿（Fenton）；非曝气滤池的好氧氧化（aerat* NOT BAF）；混凝（coagula*）；超滤或微滤（ultra* OR micro*）AND 膜过滤（membrane filtration）；反渗透或纳滤（osmosis OR nano*）AND 膜过滤（membrane filtration）；生物处理（ecolog*）OR 添加剂（additive$）OR 磁力的（magnetic*）；接触氧化（contact oxidation）；蒸馏（distill*）；超声（ultra$sonic）；湿式氧化（wet oxidation）；离子交换（ion exchange）。

其他技术：气浮（float*）OR 电化学（electrochem*）AND 氧化（oxid*）OR 水解酸化（Hydrolysis Acidification）OR 水解酸化（hydrolytic acidification）OR 水解酸化（hydrolysis acidification）OR 水解酸化（hydrolysis-acidification）OR 微波（micro$wave*）OR 电渗析（electro$osmosis）OR 电渗析（electro$dialysis）OR 曝气滤池（BAF）OR 曝气滤池（biological aerated filter）OR 电化学（electrochem*）AND （絮凝 floc*）。

2.3.1.3　研究水平及差距检索

采用制药废水处理文章被引证次数和起始研究时间差距分别作为研究水平和差距分析的依据；通过专利的专利权人分析可知晓某国家或某领域技术研发的主体力量、优势研究机构等。

在制药废水处理总体检索的基础上，限定主要机构和国家，分别进行引文分析，记录总被引次数和篇均被引次数，两者可作为评价制药废水处理研究水平深度的重要指标。对专利检索结果进行 IPC 号分析，可得到制药废水处理的主要专利权人。

2.3.1.4　起始研究时间差距检索

分析世界制药废水处理主流技术研究在 SCI 中的起始时间和中国在 SCI 中研究的起始时间以及 CNKI 中的起始时间。

在制药废水处理某一主流技术检索的基础上，限定出版年，记录最早发表论文的时间，继续限定国家为中国，记录发表最早时间，即可得到 SCI 中中国发表关于制药废水处理的起始时间。

2.3.2　制药行业废水处理技术发展趋势和热点

2.3.2.1　文献总体检索分析

依照检索式进行关于制药废水处理的检索，结果显示，与 CNKI 检索密切相关的文献有 1 096 篇，与 SCI 检索密切相关的文献有 2 802 篇，与 DII 检索相关的专利数为 1 213篇，导入 endnote 进行系列分析。分析发现，SCI、CNKI 中收录的关于制药废水处理的论文数总体上呈逐年上升趋势（图 2-1），并密切相关（CORREL 求得相关系数为 0.936），表明制药废水处理在国际和国内都得到了越来越广泛的关注且发展趋势大致相同；与国际相比，我国关于制药废水处理的研究存在一定的滞后性，且增长速度较为缓慢，后期发文数变化不大。

根据 DII 数据库专利检索结果（图 2-2），制药废水处理研究领域专利的数量在 1985—2013 年总体上呈逐年上升趋势，到 1999 年后开始缓慢增长，2007 年后翻倍增长，2010年后增长趋势再次减缓，与 SCI 中收录相关论文数量的变化趋势较为一致。最高点 2012年的检索数较最初 1985 年增长了 40 倍左右，表明制药废水处理技术研究近年来得到各国的充分重视，制药废水处理产业化正在快速发展。

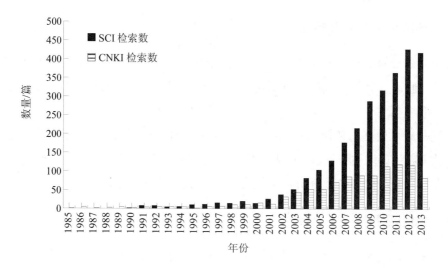

图 2-1　国际制药废水处理研究领域 SCI 和 CNKI 论文的年度变化（1985—2013 年）

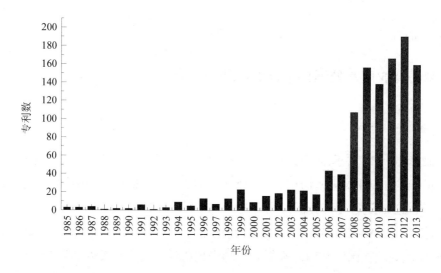

图 2-2　国际制药废水处理研究领域 DII 专利检索的年度变化（1985—2013 年）

2.3.2.2　主要研究热点和趋势

通过对制药废水处理领域 CNKI 收录的文献进行分析，结果显示，水解酸化、活性污泥、SBR、电解等技术为我国制药废水处理领域的主流技术。对 SCI 收录文献中各项技术所占比例进行分析，发现萃取、好氧活性污泥法、臭氧相关、吸附、过滤、光催化、芬顿（Fenton）、曝气、混凝、超滤/微滤（UF/MF）膜技术、反渗透/纳滤（RO/NF）膜技术、磁选及生物添加剂、接触氧化等 17 项技术是国际制药废水处理领域中的主流技术。这和 DII 专利检索的结果基本一致。其中，CNKI 论文主要以水解酸化、活性污泥等为主，SCI 论文主要以萃取、好氧活性污泥法、臭氧相关技术为主，而专利主要以过滤、曝气、混凝技术为主。CNKI 中主要技术所占比例较为均匀化，SCI 中的萃取和好氧活性污泥技术研究成果较多，约占所有技术的 1/2，DII 专利中过滤技术研究成果较多，约占所有技术的 1/4（图 2-3～图 2-5）。

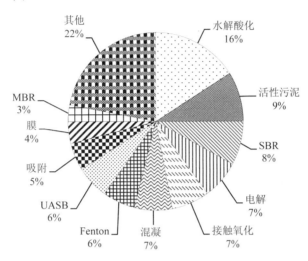

图 2-3　我国制药废水处理技术方向 CNKI 发表论文所涉主流技术的比例（1985—2013 年）

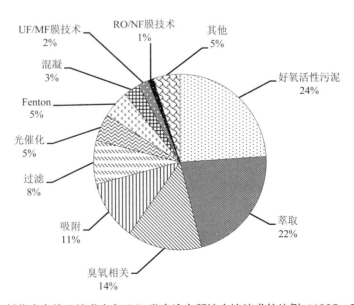

图 2-4　国际制药废水处理技术方向 SCI 发表论文所涉主流技术的比例（1985—2013 年）

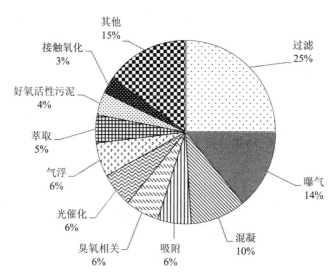

图 2-5　国际制药废水处理技术方向专利发表论文所涉主流技术的比例（1985—2013 年）

　　对制药废水处理方向的前六种主要技术进行分析，从 1985—2013 年文献出版情况来看，20 世纪 90 年代制药废水处理仍处于起步阶段，出版文献数量较少，自 2001 年以后，各主流技术的论文数量明显增长，世界各国越来越重视制药废水的处理技术。其中，萃取、好氧活性污泥技术发文数量明显高于其他技术，是制药废水处理研究中的热点技术（图 2-6）。

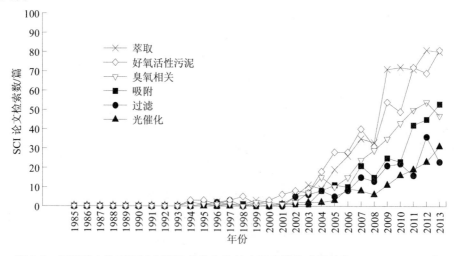

图 2-6　制药废水处理领域主流技术的 SCI 论文检索数的发展趋势（1985—2013 年）

2.3.2.3　研究水平评价

　　根据 SCI 论文数量和篇引（WOS 数据库 1985—2013 年）评价制药废水处理研究水平。按照国家分类的要求，分别筛选各国的发文，中国需要把台湾地区的文献合并，英国需要把英格兰、苏格兰、威尔士和北爱尔兰的文献合并。在制药废水处理领域发表 SCI 论文数量较多的国家主要包括美国、中国、西班牙、德国、加拿大、瑞士等。中国发表论文总数位居第二，但篇均引用数较低，仅为 12 次/篇，而美国、西班牙、德国、加拿大、瑞士论文的篇均引用数为 22～48 次/篇（图 2-7），这表明这些西方发达国家在制药废水处理领域的研究处于领先地位，我国在制药废水处理领域的研究水平与国际领先水平有一定的差距，尚待进一步提高。

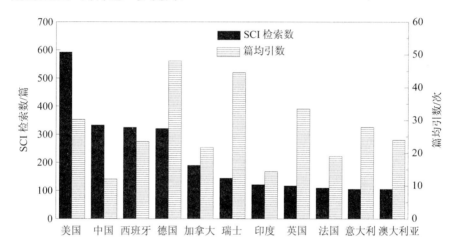

图 2-7　制药废水处理技术方向主要国家 SCI 发文数及其篇均被引次数（1985—2013 年）

2.3.2.4　领先国家评价

　　根据 SCI 论文数量（1985—2013 年）选择论文领先国家，分析 SCI 论文年度趋势和主流技术比例。图 2-8 为制药废水处理研究领域 SCI 论文发表的领先国家。美国、中国、西班牙、德国和加拿大位居 SCI 论文发表数前五。从论文发表数量的年度变化趋势看，美国每年论文发表数量最多，2004 年后论文数量较多，西班牙、德国和加拿大发文量增长趋势与美国相似。从发展趋势上看，中国从 2007 年后发文量呈现飞速增长趋势，且 2013 年发文数量是 2007 年发文量的近 5 倍，后发优势较为明显，年发表论文量仅次于美国，居第二位，这表明我国在制药废水处理领域的研究及时跟踪国际先进水平，成为在该领域研究的先进国家之一。

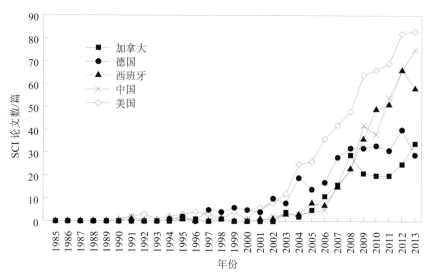

图 2-8　制药废水处理研究领域主要国家 SCI 论文数的年度变化（1985—2013 年）

表 2-1 为制药废水处理研究领域 SCI 论文发表领先国家的论文中主流技术分布。可以看到，在领先国家中萃取、活性污泥法等常规处理工艺所占比例很高。中国制药废水处理技术中萃取、好氧活性污泥、臭氧相关、吸附、过滤、光催化技术所占比例较大，占所有技术的 90%。

表 2-1　制药废水处理研究领域主要国家 SCI 发文所涉技术数量（1985—2013 年）

	美国	中国	西班牙	德国	加拿大
萃取	105	72	62	58	47
好氧活性污泥	100	68	50	62	23
臭氧相关	55	23	58	60	22
吸附	54	50	34	25	14
过滤	34	16	18	53	9
光催化	25	20	32	7	5
Fenton	9	18	47	4	1
曝气	13	6	8	10	11
混凝	9	18	6	4	4
UF/MF 膜技术	6	5	6	9	5
RO/NF 膜技术	5	3	5	4	2
磁选及生物添加剂	3	3	1	8	3
接触氧化	7	3	4	4	0
蒸馏	4	1	5	1	1
超声	4	4	1	1	0
湿氏氧化	0	5	6	0	0
离子交换	5	2	0	0	0
其他	6	5	2	2	1

利用 Correl 分析数据的相关性，分析表明中国与美国、法国和澳大利亚的技术分布极为相似（相关系数分别为 0.956、0.955 和 0.933）。美国与法国、澳大利亚和瑞士极为相似（相关系数分别为 0.962、0.947 和 0.925），且中国与主要国家的技术分布都有相似性，相关系数达到 0.828 以上。美国与所有国家的技术分布也都有相似性，相关系数达到 0.761 以上。这说明各国研究热点较为相似，稍微有些不同，这可能与各自的人口分布、经济发展等因素有关。

根据 DII 数据库（1985—2013 年）检索专利总数的排序来选择专利领先国家和组织。表 2-2 为制药废水处理专利总数前 10 名国家和组织在 1985—2013 年的年度变化趋势。可以看到，中国在 2008 年发表的专利数是 2007 年的 5 倍多，呈现飞跃式增长，并于 2008 年跃居世界第一，且处于遥遥领先地位。这说明发达国家历年专利数量比较平稳，而中国近期发展迅猛，增量明显，后期优势较为明显。

表 2-2　制药废水处理研究领域主要国家专利数的年度变化（1985—2013 年）

年份	中国	日本	美国	世界知识产权组织	欧专局	年份	中国	日本	美国	世界知识产权组织	欧专局
1985	0	1	1	0	2	2000	0	3	5	2	3
1986	0	2	2	0	2	2001	5	11	7	8	7
1987	1	0	0	0	2	2002	2	1	7	13	9
1988	0	1	1	0	1	2003	5	19	11	8	7
1989	0	2	1	0	1	2004	4	15	7	6	6
1990	0	0	1	1	1	2005	5	12	6	8	5
1991	0	1	1	0	1	2006	15	20	16	19	13
1992	0	3	1	0	1	2007	12	16	20	17	12
1993	0	3	1	1	1	2008	63	19	14	15	8
1994	2	2	1	2	2	2009	130	20	29	20	16
1995	1	3	3	2	0	2010	121	21	18	21	11
1996	0	5	3	2	1	2011	123	21	22	18	10
1997	2	3	4	3	3	2012	161	9	11	16	3
1998	0	5	4	1	4	2013	124	6	9	10	0
1999	4	5	9	7	8						

表 2-3 为制药废水处理研究领域专利总数前八名国家和组织的主流技术分布图（DII 数据库 1985—2013 年）。可以看到，过滤、曝气、混凝、吸附等常规处理技术占比大，说明此类技术是制药废水处理工艺中常用和必需的单元，这与文献分析的结果基本相同，与文献有所不同的是，过滤、曝气、混凝、吸附技术为各国研究的最热点。电渗析、微波、水解酸化、电化学氧化等技术的专利较少，说明这批技术还处在产业转化期。

表 2-3　制药废水处理主要国家专利所涉主流技术的比例（DII 数据库 1985—2013 年）

	中国	日本	美国	世界知识产权组织	欧专局
其他技术	1.0	0.5	2.2	2.2	2.3
电渗析	0.6	1.4	1.6	1.9	1.1
微波	1.2	0.5	1.0	1.1	1.7
水解酸化	1.5	0.0	0.3	0.0	0.0
电化学氧化	1.2	1.4	1.6	2.2	1.1
超声	1.8	0.5	1.3	1.5	0.6
Fenton	1.5	0.9	1.0	0.4	0.6
RO/NF 膜技术	1.7	2.8	3.5	3.0	3.5
磁选及生物添加剂	2.4	5.0	3.2	3.7	4.5
UF/MF 膜技术	2.1	2.3	4.8	4.1	4.0
蒸馏	2.2	3.7	6.0	5.6	8.0
离子交换	1.7	7.8	4.4	3.7	3.4
接触氧化	2.8	1.8	5.1	3.0	2.8
好氧活性污泥	2.3	6.5	4.8	4.4	5.7
萃取	4.0	6.5	7.0	8.5	9.1
气浮	7.3	0.9	1.9	1.1	2.3
光催化	4.7	7.8	7.3	8.9	8.5
臭氧相关	4.7	7.4	7.9	8.5	6.8
吸附	5.4	16.1	7.9	7.8	9.1
混凝	10.9	4.1	4.4	4.4	2.8
曝气	15.0	5.5	4.4	5.9	5.1
过滤	24.0	16.6	18.4	18.1	17.0

2.3.2.5 不同群体评价

使用 WOS 数据库（1985—2013 年）SCI 论文发表数量和篇引来分析领先机构。图 2-9 列出 1985—2013 年在制药废水处理领域发文最多的 11 所研究机构及其论文篇均被引用次数。主要是欧美发达国家，中国、印度等典型发展中国家的大学和研究机构。11 所机构中美国 3 所，西班牙 2 所，中国、德国、法国、加拿大、印度、瑞士各 1 所。从论文篇均引数来看，美国 EPA 最高，柏林技术大学和美国地理次之。中国在发文数量上已位居世界第二，但其篇均被引次数明显低于其他国家，这说明我国在制药废水处理领域的研究深度有待进一步提高。

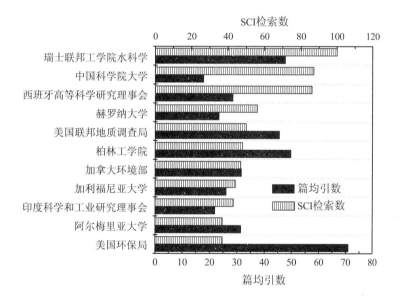

图 2-9　制药废水处理研究领域 SCI 发文主要研究机构及其篇均被引用次数（1985—2013 年）

制药废水处理研究领域 SCI 论文（WOS 数据库 1985—2013 年）的中国机构群体分析如图 2-10 所示。数量排名前 10 包括中科院生态环境研究中心、哈尔滨工业大学、清华大学、台湾大学、同济大学等单位。按照篇引数排名，香港理工大学、中科院生态环境研究中心、清华大学、大连理工大学等单位较高。因此，南开大学、台湾大学、中科院生态环境研究中心、南京大学、清华大学等是我国在制药废水处理方面代表性的研究机构。

表 2-4 列出了 1985—2013 年制药废水处理研究领域 SCI 文献的前 10 种主要出版物，其中，发表在水研究 WATER RESEARCH 的文献数最多，占发文总量的 10% 以上。前 10

种出版物的发表文献数总共为 1 599 篇，约占总发文数的 57%，说明发文较为集中，这 10 种期刊是制药废水处理研究者发表论文的主要基地。

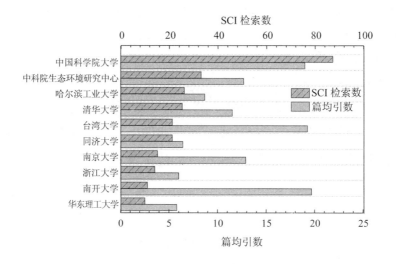

图 2-10　中国制药废水处理研究领域 SCI 发文主要研究机构及其篇均被引用次数（1985—2013 年）

表 2-4　制药废水处理文献主要期刊分布

来源出版物名称	发表文献数/篇	占总量的比例/%
Water Research	319	11.389
Chemosphere	235	8.39
Water Science and Technology	232	8.283
Environmental Science Technology	219	7.819
Science of the Total Environment	179	6.391
Journal of Hazardous Materials	131	4.677
Environmental Toxicology and Chemistry	102	3.642
Environmental Science and Pollution Research	68	2.428
Bioresource Technology	60	2.142
Desalination	54	1.928

2.3.2.6　我国制药废水处理技术发展态势评价

从上述文献和专利的检索及分析过程可以看到，我国在制药废水处理领域获得了丰硕的成果，对主流技术研究的关注度和需求很高，SCI 论文数量居世界第二位，专利总数位居世界第一，但在制药废水处理研究领域的研究水平（SCI 篇均引数）方面，我国与发达国家还存在一定差距，研究深度还有待进一步的提高。传统的废水处理技术（如过滤、曝气、混凝、吸附等）已比较成熟，开始进入产业化阶段，与国际发展态势基本一致。但由于我国制药废水类型复杂，技术难题多，技术需求多样，且缺少国际经验可以借鉴等问题，迫切需要加强技术创新，开发具有自主知识产权的核心关键技术。在未来几年我国制药废水处理技术应该向高水平的研究以及实用化的方向发展。

2.4 辽河流域制药行业废水处理现状

辽河是我国七大江河之一，地跨河北、内蒙古、吉林、辽宁四省份，不仅是沿河流域居民的主要饮用水水源地，还是东北地区重化工业、制药基地的受纳水体。辽河流域面积为 21.96 万 km²，河长 1 390 km，总人口 3 300 多万人，由辽河、浑河、太子河汇聚而成的大辽河组成。流域涉及沈阳、鞍山、抚顺、本溪、辽阳、铁岭、营口、盘锦 8 个地级市。辽河流域流经辽宁省最活跃的经济区，作为东北老工业基地振兴的龙头，是辽宁省乃至全国的重要经济区，是促进我国经济发展的重要部分。

辽宁省是我国淡水资源严重缺乏的省份之一，水资源较为丰富，然而人均水资源占有量只是全国的 1/3。此外，辽河流域受有毒有机污染物和重金属污染严重。2009 年统计结果显示，辽河流域工业废水的主要污染物中 COD 排放量为 31.95 万 t，挥发酚排放量为 0.02 万 t，石油类排放量为 0.28 万 t，BOD 排放量为 6.62 万 t；氰化物排放量为 29.70 t，砷排放量为 1.28 t，总铬排放量为 3.83 t，铅排放量为 1.10 t。随着经济的发展，辽河流域水资源短缺、河道断流、水环境污染、生态环境恶化等问题更加突出，已经成为制约着辽河流域经济社会发展的"瓶颈"[23]。产业结构和工业、企业地区分布的不合理，导致流域内部分单元的控制污染物排放量超标，严重威胁着水资源的安全。

为了改善辽河流域的水环境现状，解决水资源的短缺问题，"九五"以来，辽河流域就被纳入国家重点治理的"三河"之一，投入大量的人力、物力和财力，但是收效甚微，流域的污染状况并没有得到根本的改善。"十五"初期辽河流域的水环境状况虽有所改善，但污染状况仍然严重，尚有 51.9% 的地表水水质未达到标准要求，其中大辽河水系的水污染问题较为突出。"十一五"期间国家提出了结构减排、工程减排和管理减排的三大政策，制定了一系列的治理措施，加大了沿河流域工业、企业的治理，在辽河流域污染治理的过程中已经发挥了巨大作用，取得了显著效果。干、支流化学需氧量污染明显减轻，各断面年均值持续符合 V 类标准，水质得到改善；河流断面 COD 达标率升高，到 2010 年，26 个断面全部符合 V 类水质标准[24]。虽然，流域污染物排放总量得到了一定的控制，但是依旧污染严重，尤其是支流水质需要进一步治理。

制药工业是国家环保规划中重点治理的 12 个行业之一，是导致辽河流域水体污染严重的六大行业之一。据统计，制药工业占全国工业总产值的 1.7%，而废水排放量占 2%。制药废水是国内外较难处理的高浓度有机废水之一，也是我国污染最严重、最难处理的工业废水之一[25]，如何处理好该类废水是当今环境保护的一个难题。据不完全统计，辽河流域在辽宁省境内的制药企业有近 140 家，涉及的制药行业类别有化学药品原药制造、化学药品制剂制造，生物、生化制品的制造，兽用药品制造，医药制造业，中成药制造，中药饮片加工等，COD 排放量为 0.92 万 t，占辽河流域工业排放总量的 6.6%；氨氮排放量为 0.03 万 t，占辽河流域工业排放总量的 1.83%。原环境保护部公开数据表明，2009年，我国制药工业总产值不足全国 GDP 的 3%，而污染物排放量达全国污染物排放总量的 6%，在污普统计的 61 家制药企业中，废水排放总量约为 1 200 万 t。

作为辽河流域五大重污染的命脉行业之一，140 多家广泛分布的制药企业更是加剧了水质的恶化，且制药的生产过程中，往往使用了多种原料和溶剂。生产工艺具有复杂性，生产流程长，反应复杂，副产物多，因而废水组成十分复杂。废水中污染物含量高、浓度波动大，COD 值和 BOD_5 值高且波动性大，废水的 BOD_5/COD 值差异较大。NH_3-N浓度高，色度深，固体悬浮物 SS 浓度高，含难生物降解和毒性物质多[5]。虽然制药行业废水的综合指标（COD_{Cr}、BOD_5、氨氮等）达到了排放的标准，使得辽河流域的水质逐年得到改善，但来自企业的有毒有害污染物，尽管在水中含量甚微，通常以微克级或更低级浓度水平存在，由于其毒性、难降解性和生物积累性，对水生生物及人体健康危害却极大，有的具有"三致"（致癌、致畸、致突变）效应，有的具有内分泌干扰作用。

2.5　制药废水处理相关法律、法规

国家环境保护局于 1996 年颁布了第一部关于水污染排放管理的标准《污水综合排放标准》（GB 8978—1996）[26]，但是并没有明确细分到制药行业的标准。2008 年 6月环境保护部颁布了《发酵类制药工业水污染物排放标准》（GB 21903—2008）、《化学合成类制药工业水污染物排放标准》（GB 21904—2008）、《提取类制药工业水污染物排放标准》（GB 21905—2008）、《中药类制药工业水污染物排放标准》（GB 21906—2008）、《生物工程类制药工业水污染物排放标准》（GB 21907—2008）、《混装制剂类制药工业水污染物排放标准》（GB 21908—2008）共 6 项水污染物排放标准[27-32]，并已于 2008 年 8月 1 日起实施。新建企业从标准生效之日起按新标准执行，现有企业从 2009 年 1 月 1 日起，经过 1 年半时间的过渡期，到 2010 年 7 月 1 日，开始按新标准执行。

2.6　基于全生命周期的典型制药行业水污染全过程控制体系构建

2.6.1　制药行业水污染控制指导思想

随着我国制药行业的发展，制药废水已逐渐成为重要的污染源之一，其废水通常具有成分复杂、有机污染物种类多、含盐量高、色度深等特性，比其他有机废水更难处理，因此，单纯依靠末端治理难以从根本上解决制药行业的污染问题。为了全面支撑资源节约型、环境友好型社会建设，制药行业必须以基于全生命周期的水污染防治全过程控制为核心的指导思想，从优化产业结构、清洁生产、分质处理及资源回用、强化末端治理四个方面，有效推进制药行业水污染控制。

（1）优化产业结构

提高企业创新能力，大力推动新产品研发和产业化，鼓励企业采用新技术、新工艺、新装备进行技术改造，不断提升制药生产技术水平。鼓励制药工业规模化、集约化发展，提高产业集中度，减少制药企业数量。限制大宗低附加值、难以完成污染治理目标的原料药生产项目，防止低水平产能的扩张，提升原料药深加工水平，开发下游产品，延伸产品链，鼓励发展新型高端制剂产品。

（2）清洁生产

大力推动清洁生产，加强资源节约和综合利用，促进制药行业向绿色低碳方向发展，鼓励使用无毒、无害或低毒、低害的原辅材料，减少有毒、有害原辅材料的使用，从而减少源头有毒、有害污染物产生，降低后续污染治理的负荷，提升制药行业水污染控制成效。

（3）分质处理及资源回用

注重源头控污，加强精细化管理，提倡废水分类收集、分质处理。对于毒性大、难降解制药废水，应单独收集、单独处理后，再与其他废水混合处理。对于废水中的有价物质，应研发高效的资源化技术予以回收。

（4）强化末端治理

随着各类制药工业水污染物排放标准的实施，废水达标排放的要求越来越严格，开发低成本、高效的末端治理技术尤为重要。

2.6.2　制药行业水污染全过程控制方案

制药行业废水主要包括发酵类制药废水、化学合成类制药废水、制剂类制药废水、生物工程类制药废水、提取类制药废水及中药类制药废水六大类。其中发酵类与化学合成类制药废水具有典型的制药废水污染特征，同时发酵类药品、化学药品原药和化学药品制剂生产依然是我国制药行业的主要组成部分，分布在我国的淮河流域和辽河流域，因此发酵类与化学合成类制药废水的治理显得尤为重要。制药行业水污染全过程控制应按照"清洁生产、分质处理、资源回收、末端强化"的方案进行治理。

通过清洁生产，改进生产工艺，减少污染物和废水的排放量，降低生产成本。

通过清污分流，避免交叉污染，降低废水治理难度；对于毒性大、难降解制药废水，应单独收集、分质处理后，再与其他废水混合处理。

回收利用废水中有用物质。采用膜分离或多效蒸发等技术回收生产中使用的铵盐等盐类物质，减少废水中的氨氮及硫酸盐等盐类物质；采用湿式氧化-磷酸盐固定化技术回收高浓度含磷制药废水中的磷资源；采用双膜法（UF+RO）深度处理回用制药废水中的水资源等。

在废水末端强化治理方面，按照"物化预处理+厌氧处理（水解酸化）+好氧处理"的方式进行处理。

参考文献

[1] 刘明星. 制药废水处理工艺研究[D]. 长沙：湖南大学，2006.

[2] 王大勇，陈武，梅平. 制药废水处理技术研究进展[J]. 应用化工，2011，40（12）：2202-2205.

[3] 方亚曼，范举红，刘锐，等. 铁-炭微电解技术强化制药废水处理效果[J]. 净水技术，2011，30（1）：29-32.

[4] 杨志勇，何争光，顾俊杰. 气浮-SBR-滤池工艺处理制药废水[J]. 环境污染与防治，2008，30（7）：104-106.

[5] Putra E K，Pranowo R，Sunarso J，et al. Performance of activated carbon and bentonite for adsorption of amoxicillin from wastewater：Mechanisms，isotherms and kinetics [J]. Water Research，2009，43（9）：2419-2430.

[6] 杨常凤. 强化混凝处理制药废水的实验研究[J]. 污染防治技术，2009，22（5）：11-12.

[7] Huber M M，Gobel A，JOSS A，et al. Oxidation of pharmaceuticals during ozonation of municipal wastewater effluents：A pilot study[J]. Environmental Science and Technology，2005，39（11）：4290-4299.

[8] 范向群. Fenton 氧化技术处理制药废水的研究[D]. 上海：华东理工大学，2011.

[9] 张月锋，金一中，许灏. 电解阳极间接氧化法处理制药废水的研究[J]. 工业水处理，2002，22（11）：

22-24.

[10] Naddeo V，Meric S，Kassinos D，et al. Fate of pharmaceuticals in contaminated urban wastewater effluent under ultrasonic irradiation [J]. Water Research，2009，43（16）：4019-4027.

[11] Robertson P K J. Semiconductor photocatalysis an environmentally acceptable alternative production technique and effluent treatment process [J]. Journal of Cleaner Production，1996，4（3-4）：203-212.

[12] Kim K H，Ihm S K. Heterogeneous catalytic wet air oxidation of refractory organic pollutants in industrial wastewaters：a review [J]. Journal of Hazardous Materials，2011，186（1）：16-34.

[13] Bhargava S K，Tardio J，Prasad J，et al. Wet oxidation and catalytic wet oxidation [J]. Industrial & Engineering Chemistry Research，2006，45（4）：1221-1258.

[14] Ince B K，Selcuk A，Ince O. Effect of a chemical synthesis-based pharmaceutical wastewater on performance，acetoclastic methanogenic activity and microbial population in an upflow anaerobic filter [J]. Journal of Chemical Technology & Biotechnology，2010，77（6）：711-719.

[15] Henry M P，Donlon B A，Lens P N，et al. Use of anaerobic hybrid reactors for treatment of synthetic pharmaceutical wastewaters containing organic solvents [J]. Journal of Chemical Technology & Biotechnology，2010，66（3）：251-264.

[16] Mohan S V，Prakasham R S，Satyavathi B，et al. Biotreatability studies of pharmaceutical wastewater using an anaerobic suspended film contact reactor [J]. Water Science & Technology，2001，43（2）：271-276.

[17] 张彤炬，何以嘉. 深井曝气工艺处理激素制药废水[J]. 中国给水排水，2012，28（4）：72-75.

[18] 胡晓东，张刚，石云峰，等. 好氧法处理抗生素废水对比试验研究[J]. 广州大学学报（自然科学版），2010，9（1）：33-36.

[19] 解永磊. UASB-A/O-Fenton 组合工艺处理四环素类抗生素废水试验研究[D]. 天津：天津理工大学，2015.

[20] Gobel A，Mcardell C S，Joss A，et al. Fate of sulfonamides，macrolides，and trimethoprim in different wastewater treatment technologies [J]. Science of the Total Environment，2007，372（2-3）：361-371.

[21] 上海医药工业情报中心站. 美国制药工业概况[R]，1981：1-11.

[22] 邝能活. 美国药厂废水处理概况[J]. 化工与医药工程，1982，（5）：36-46.

[23] 王西琴，张艳会. 辽宁省辽河流域污染现状与对策[J]. 环境保护科学，2007，33（3）：26-28.

[24] 宋永会. 辽河流域水污染防治"十二五"规划研究[M]. 北京：中国环境出版社，2015.

[25] 中华人民共和国国务院. 水污染防治行动计划. http：//www.gov.cn/xinwen/2015-04/16/content_2847709.htm，2015.

[26] 中华人民共和国环境保护部. GB 9878—1996 污水综合排放标准[S]. https：//wenku.baidu.

com/view/2c13d4a0ad51f01dc281f1ea.html，1996.

[27] 中华人民共和国环境保护部. GB 21903—2008 发酵类制药工业水污染物排放标准[S]. 北京：中国环境科学出版社，2008.

[28] 中华人民共和国环境保护部. GB 21904—2008 化学合成类制药工业水污染物排放标准[S]. 北京：中国标准出版社，2008.

[29] 中华人民共和国环境保护部. GB 21905—2008 提取类制药工业水污染物排放标准[S]. 北京：中国标准出版社，2008.

[30] 中华人民共和国环境保护部. GB 21906—2008 中药类制药工业水污染物排放标准[S]. 北京：中国标准出版社，2008.

[31] 中华人民共和国环境保护部. GB 21907—2008 生物工程类制药工业水污染物排放标准[S]. 北京：中国标准出版社，2008.

[32] 中华人民共和国环境保护部. GB 21908—2008 混装制剂类制药工业水污染物排放标准[S]. 北京：中国标准出版社，2008.

第 3 章　制药废水物化处理技术

3.1　常规物化处理技术

3.1.1　常规物化技术介绍

3.1.1.1　吸附处理技术

吸附法是最重要的水处理技术之一，被人们广泛应用于各种给水或废水处理中。吸附法的优点主要包括吸附剂与吸附质间的吸附反应一般都很迅速，不用再添加其他药剂，而且吸附剂都具有较大的比表面积和较高的吸附容量，所以利用吸附法去除水中污染物具有效率高、速度快、适应性强和易操作等优点。吸附法的原理是通过物理吸附作用、化学吸附作用、离子交换作用等机制将水中的污染物固定在自身的表面上。

3.1.1.2　絮凝处理技术

絮凝技术是使水或液体中悬浮微粒集聚变大，或形成絮团，从而加快粒子的聚沉，达到固-液分离的目的。添加适当的絮凝剂，其作用是吸附微粒，在微粒间"架桥"，从而促进集聚。絮凝剂主要分为铁制剂系列和铝制剂系列，也包括其丛生的高聚物系列。

3.1.1.3　膜分离技术

膜技术是一种新兴高效分离技术，其原理是利用天然或人工合成膜材料的特殊透过性能，以浓度差、压力差或电位差为推动力对水中某些离子、分子或某种颗粒进行分离提纯和富集的方法。用于饮用水脱硝的膜分离法主要包括反渗透和电渗析两种。

3.1.2　活性炭对含铜制药废水的吸附特性研究

试验用含铜废水取自某制药厂化学合成黄连素生产过程中的脱铜母液：ρ（Cu^{2+}）为

22 900 mg/L，ρ（黄连素）为 1 890 mg/L，ρ(COD$_{Cr}$)为 69 230 mg/L，电导率为 173.5 mS/cm，色度为 5 000 倍。经企业现有工艺处理后，出水中 ρ（Cu^{2+}）330 mg/L 左右，ρ（黄连素）为 1 329 mg/L，pH 为 1.0～3.0。因此该实验将脱铜母液稀释至 ρ（Cu^{2+}）330 mg/L 左右，开展实验研究。

试验采用天津市某化学试剂制造有限公司生产的粉末活性炭作为吸附剂，其主要性质参数：pH 为 5.0～7.0，干燥失重 10.0%，乙醇溶解物失重 0.2%，盐酸溶解物失重 0.8%，硫化合物（以硫酸盐计）失重 0.1%，灼烧残渣（以 SO$_4^{2-}$计）失重 2.0%。将粉末活性炭置于黄连素成品母液（不含有 Cu^{2+}）中浸泡 2 d，然后烘干备用。粉末活性炭浸泡前后的扫描电镜照片如图 3-1 所示。

（a）浸泡前　　　　　　　　　　　　　　（b）浸泡后

图 3-1　粉末活性炭扫描电镜照片

3.1.2.1　废水初始 pH 对吸附效率的影响

溶液 pH 是影响吸附工艺效率的重要参数，对重金属离子的吸附与 pH 的高低密切相关[1,2]。一方面实际制药废水为酸性，如果处理废水时加入大量的碱将增加处理成本；另一方面 pH≥5.6 时溶液中会形成氢氧化铜沉淀[3]，因此在 pH 为 1.0～5.0 的酸性条件下考察活性炭对 Cu^{2+}的吸附性能。吸附剂投加量为 30 g/L，吸附时间为 16 h。如表 3-1 所示，当 pH 升高时，Cu^{2+}吸附的去除率并没有显著变化，说明低 pH 时活性炭对 Cu^{2+}吸附以物理吸附为主，以化学吸附为辅，所以溶液中的 H$^+$与 Cu^{2+}对吸附点位的竞争吸附现象不明显，没有对 Cu^{2+}的吸附去除产生不利影响。保持原水 pH 为 2.4 不变的情况下，出水ρ（Cu^{2+}）为 0.32 mg/L，去除率高达 99.9%，达到《化学合成类制药工业水污染物排放标准》（GB 21904—2008）[4]对常规污水处理设施排放限值［ρ（总铜）≤0.5 mg/L］的要求，因此后续试验研究不再调节原水 pH。

表 3-1　溶液初始 pH 对吸附效率的影响

初始溶液 pH	ρ（Cu^{2+}）/（mg/L）		吸附量 Q_e/（mg/g）	去除率/%
	进水	出水		
1.0	334.68	0.58	11.14	99.83
2.0	334.68	0.39	11.14	99.88
2.4	334.68	0.32	11.15	99.90
3.0	334.68	0.26	11.15	99.92
4.0	334.68	0.22	11.15	99.93
5.0	334.68	未检出	—	—

3.1.2.2　活性炭投加量对吸附效率的影响

由图 3-2 可知，当废水初始 pH 为 2.4、吸附时间为 16 h 时，随着活性炭投加量的增加，Cu^{2+} 的吸附量在逐渐降低，而去除率在不断增大，当活性炭投加量大于 20 g/L 时曲线斜率变化趋于缓慢，即吸附速率在降低；当活性炭用量大于 30 g/L 时，对 Cu^{2+} 的吸附去除率基本保持不变，Cu^{2+} 去除率达到 99%以上。研究表明，投加量的增加虽然可以增加更多的吸附点位，但是由于吸附反应逐渐趋于平衡，因此随着吸附剂用量的增加，吸附量增加变缓，进而导致 Cu^{2+}吸附去除率增幅减小，当达到平衡后去除率则保持不变。

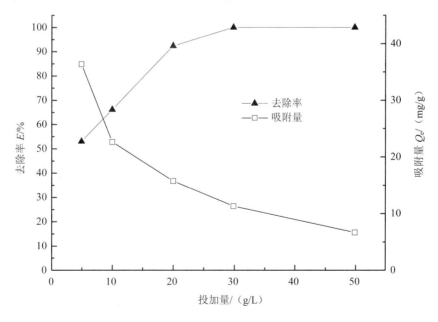

图 3-2　吸附剂投加量对吸附效率的影响

3.1.2.3 吸附动力学分析

吸附时间也是影响吸附性能的主要参数。由图 3-3 可知，当废水初始 pH 为 2.4、吸附剂投加量为 30 g/L 时，初始 40 min 吸附量迅速上升，表明 Cu^{2+} 正由溶液扩散到活性炭的表面，此时扩散阻力较小，吸附速率较高；随后吸附质 Cu^{2+} 向吸附剂活性炭内部空隙扩散，阻力逐渐增大，因此吸附速率有所下降；300 min 后吸附基本达到平衡，主要是吸附剂内部的 Cu^{2+} 吸附迁移，该阶段吸附量与脱附量持平，所以吸附量保持稳定。研究[5]表明，溶液中溶质在多孔性介质上吸附包含 3 个必要步骤，活性炭对 Cu^{2+} 的吸附与此基本符合。

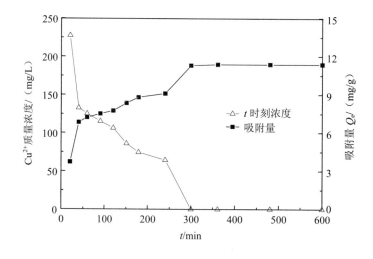

图 3-3 接触时间对吸附效率的影响

根据图 3-4 计算吸附动力学参数，列于表 3-2 中。由表 3-2 可见，一级、二级吸附动力学方程的线性相关性，二级吸附动力学模型能更好地描述对 Cu^{2+} 的吸附（R^2=0.994 5），一级吸附动力学模型对数据的拟合度相对较差（R^2=0.861 5）。Chang[6]等研究表明，二级吸附速率模型包含了吸附的所有过程（外部液膜扩散、表面吸附和颗粒内扩散等），能够真实地反映吸附机理。

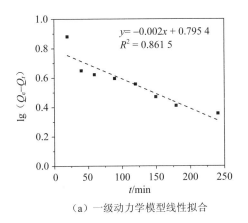
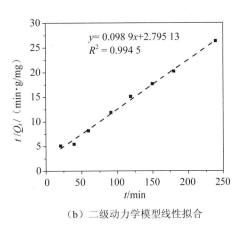

（a）一级动力学模型线性拟合　　　　　　（b）二级动力学模型线性拟合

图 3-4　Cu^{2+}吸附动力学模型线性拟合

表 3-2　活性炭吸附 Cu^{2+} 的动力学参数

吸附速率模型		K_1/min^{-1}	K_2/[g/（mg·min）]	R^2	$Q_{e,exp}$/（mg/g）	$Q_{e,cal}$/（mg/g）
一级	lg（Q_e-Q_t）=lg（Q_e）$-K_1t$/2.303	0.004 6	—	0.861 5	11.37	6.243 0
二级	t/Q_t=1/（$K_2Q_e^2$）$+t/Q_e$	—	0.003 5	0.994 5	11.37	10.111 2

注：Q_t 为 t 时刻的吸附量，mg/g；Q_e 为吸附平衡时的吸附量，mg/g；K_1 和 K_2 分别表示一级和二级吸附速率模型的反应速率常数。$Q_{e,exp}$ 和 $Q_{e,cal}$ 分别是吸附平衡时吸附量的实测值和计算值，二级动力学模型的计算值与实测值更为接近。

3.1.2.4　Langmuir 和 Freundlich 吸附等温线分析

吸附等温线描述的是在恒定温度下平衡吸附量与平衡浓度之间的关系曲线。Langmuir 等温线和 Freundlich 等温线是应用最为广泛的两种等温吸附数学模型，其表达式见表 3-3。

表 3-3　Langmuir 和 Freundlich 吸附等温线常数

模型	方程	a	b	R^2
Langmuir	$Q_e=abC_e$/（1+bC_e）	41.666 7	1.116 2	0.986 9
Freundlich	$Q_e=aC_e^b$	17.358 0	0.445 9	0.931 6

注：C_e 为吸附平衡时溶液中 ρ（Cu^{2+}），mg/L；a、b 为吸附平衡常数；R^2 为相关性因子。

在 pH 为 2.4 的条件下考察活性炭的吸附性能,分别取 $\rho(Cu^{2+})$ 为 100 mg/L、200 mg/L、300 mg/L、500 mg/L、700 mg/L 和 1 000 mg/L 的废水 100 mL,活性炭 30 g,在 20℃、150 r/min 下振荡至吸附平衡。由表 3-3 可知,尽管两种等温线平衡试验数据都得到了较高的 R^2 值,但从图 3-5 可以看出,Freundlich 模型在平衡浓度较高时的预测值与试验观测值偏离很大,拟合效果不及 Langmuir 模型。

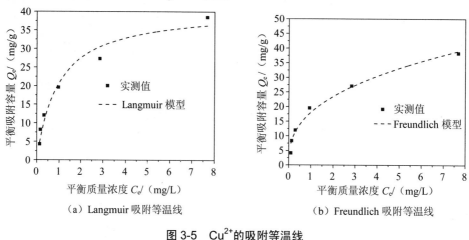

（a）Langmuir 吸附等温线　　　　（b）Freundlich 吸附等温线

图 3-5　Cu^{2+}的吸附等温线

3.1.2.5　小结

1）以粉末活性炭为吸附剂,在 pH 为 2.4、投加吸附剂 30 g/L 时,能够很好地去除制药废水中的 Cu^{2+},反应 300 min 即可达到吸附平衡状态,Cu^{2+} 去除率达到 99% 以上。

2）通过对吸附动力学和吸附等温线的分析发现,二级吸附动力学模型能够更好地描述试验结果,对吸附平衡数据的拟合 Langmuir 吸附等温线优于 Freundlich 等温线。

3.1.3　树脂吸附法处理黄连素废水的研究

3.1.3.1　树脂的筛选

在对黄连素废水的特点进行分析及文献调研的基础上,初步进行了 H103、AB-8、X-5、D101 和 D3520[7-9]等 5 种型号大孔树脂的筛选。结果如图 3-6 所示,在 20.0 g 的树脂量条件下,5 种树脂吸附黄连素的去除率均可达到 90% 以上,其中 H103 树脂的吸附效果最好,达到 99.4%。

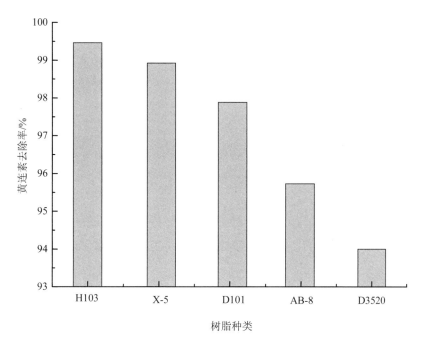

图 3-6　不同树脂对黄连素的去除率

3.1.3.2　树脂吸附黄连素废水的影响因素

（1）pH 的影响

准确称取 0.5～10.0 g 的 HX 树脂放入 150 mL 锥形瓶中，加入 200 mL、pH 分别为 2～8 的模拟废水，在温度为 25℃、振荡速度为 200 r/min 的条件下恒温振荡 8 h，检测各时刻溶液中黄连素的浓度随时间的变化。

由图 3-7 可见，反应的初始 pH 在 2.0～4.0 时，黄连素的去除率以及黄连素的比吸附量随 pH 的变化不大。在 pH 为 5.0 和 7.0 时吸附效果较好，其中 H103 吸附黄连素的最佳初始 pH 为 7.0。

溶质在有离解作用的介质内，树脂对其吸附量明显下降，在低 pH 下，氢离子的存在使得盐酸黄连素更容易离解，使吸附效果降低。而 pH 为 7 时，黄连素既保持了分子状态，又不会形成 $R\text{-}OH^{2+}$ 的佯盐结构，有利于氢键的形成，因而达到最好的吸附效果。

（2）反应温度的影响

准确称取 1.0 g 的树脂加入 150 mL 锥形瓶中，加入 100 mL 黄连素质量浓度分别为 500～900 mg/L 的模拟废水，在 283～343 K 条件下恒温振荡 48 h，检测吸附完成后溶液中黄连素的浓度。

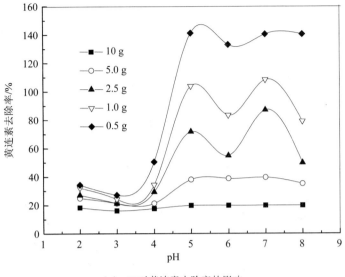

（a）pH 对黄连素去除率的影响

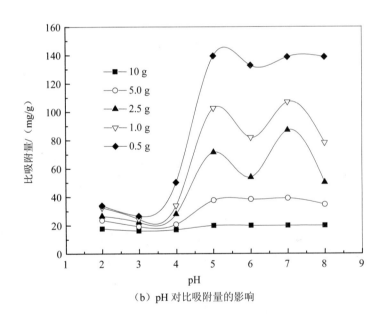

（b）pH 对比吸附量的影响

图 3-7 pH 对树脂吸附黄连素废水的影响

由图 3-8 可知，H103 树脂吸附黄连素的过程是吸热过程，高温有利于吸附过程的正向进行，但温度变化对吸附量的影响并不大。这可能有两方面的原因：① H103 树脂吸附黄连素分子的过程中，范德华力为主要吸附力，吸附能够自发进行且反应热小，受温度影响不大。②随着温度的升高，由于溶剂吸附推动作用（逆向），吸附强度下降，吸附速率下降。

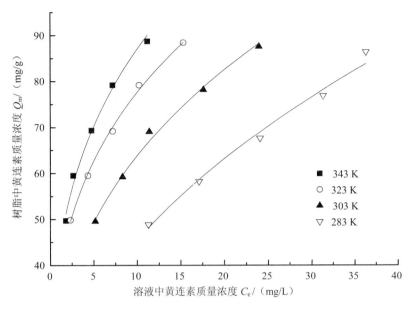

图 3-8　温度对树脂吸附黄连素的影响

（3）最佳的树脂投加量

由图 3-9 可知，在加入 3.0 g 的 H103 树脂时，黄连素去除率达到 99% 以上。在 pH 为 7、温度为 298 K 的条件下，最佳树脂投加量为 3.0 g。

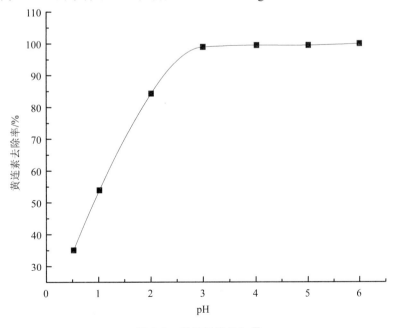

图 3-9　最佳树脂投加量

（4）吸附等温线拟合

图 3-10 为 Freundlich 等温吸附式和 Langmuir 等温吸附式的拟合图。由表 3-4 等温线拟合参数可知，Freundlich 等温线更适合用于描述 H103 树脂吸附黄连素的过程。Freundlich 常数 n 代表吸附反应强度，在 283～343K 温度下，n 值均大于 2，说明 H103 树脂是黄连素的优良吸附剂[10-12]。

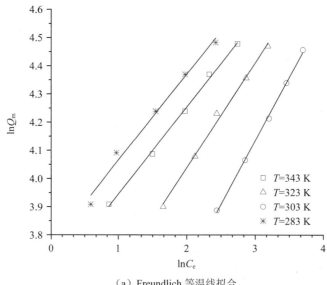

（a）Freundlich 等温线拟合

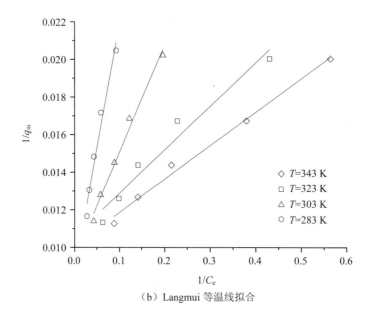

（b）Langmui 等温线拟合

图 3-10　吸附等温线拟合

表 3-4　Freundlich 和 Langmuir 等温线拟合参数

温度/K	Freundlich 等温线			Langmuir 等温线	
	$\ln K_F$	n	R^2	S_L	R^2
283	2.72	2.11	0.991	0.138	0.991
303	3.29	2.68	0.994	0.058	0.959
323	3.63	3.22	0.998	0.024	0.985
343	3.76	3.24	0.990	0.018	0.985

（5）胺基修饰

H103 树脂是黄连素的优良吸附剂，吸附过程主要作用力为范德华力，树脂较大的比表面积产生了较大的吸附量，但吸附速率偏慢[13]，吸附缺乏选择性[14]。在树脂吸附作用力中，氢键的方向性和短程性能够为吸附剂提供更强的吸附选择性[15]。同时，氢键的作用力较强，若吸附剂能与溶质之间形成氢键，可大大提高吸附剂的吸附量。

将 15.0 g H109 树脂置于装有 200 mL 1,2-二氯乙烷的 500 mL 三口烧瓶中，在均匀搅拌下加入甲胺，搅拌 1 h；加入 2.0 g 氯化锌粉末，在 70℃下反应 4 h，升温到 95℃反应 10 h，冷却，过滤；将聚合物加入含 1% HCl 的 100 mL 丙酮溶液中，搅拌 1 h，过滤；将聚合物在索氏提取器中用丙酮抽提 12 h；在 60℃下干燥 2 h 备用。

如图 3-11 所示，经胺基修饰，微孔区比表面积减小，中孔区和大孔区比表面积增大，总比表面积增大。由树脂基团修饰的原理可知[16]，比表面积的增大是由于基团修饰过程中胺基的加入，使得生成的"胺基交联桥"增多，从而使树脂的孔径和比表面积增大。比表面积增大的部分主要集中于孔径 40～100 nm，由 Chemsketch 软件计算[17]黄连素分子直径约为 20 nm，该孔径范围内的比表面积增加可有效增大树脂对黄连素的吸附量。

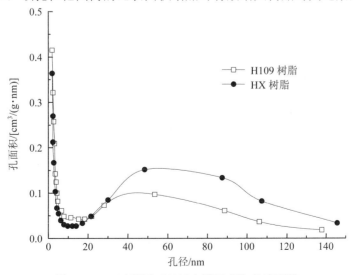

图 3-11　HX 树脂和 H109 树脂孔径和比表面积

由图 3-12 可知，经胺基修饰后，HX 树脂红外扫描图谱显示在 1 350～900 cm^{-1} 具有吸收峰，表明 HX 树脂中 C—N 键的存在，说明反应加胺基成功。在黄连素红外光谱中，1 290～1 240 cm^{-1} 和 1 050～1 000 cm^{-1} 为 C—O 伸缩振动吸收峰，1 150～1 085 cm^{-1} 为 C—O—C 伸缩振动吸收峰。HX 树脂吸附黄连素后，两个 C—O 吸收峰分别蓝移了 16 cm^{-1} 和 10 cm^{-1}，N—H 特征吸收峰消失。蓝移现象表明，吸附过程中未成环的两个醚基与甲胺基形成氢键，与 N 原子连接的唯一 H 原子形成氢键导致了 N—H 特征吸收峰的减弱消失。

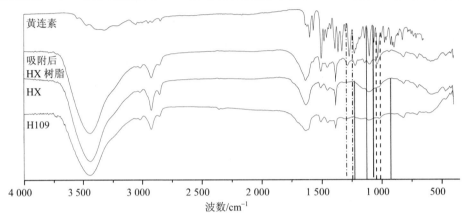

图 3-12　黄连素、H109 树脂及吸附前后 HX 树脂的红外光谱扫描

由图 3-13 可知，胺基修饰后的 HX 树脂的比吸附量明显高于 H109 树脂，在 1 h 时，HX 树脂的比吸附量比 H109 树脂高 21.4 mg/g；随着时间的推移，两者比吸附量的差值减小，到 8 h 基本达到吸附平衡，此时两者比吸附量相差 7.9 mg/g。在吸附的前 1 h 中，HX 树脂的吸附速率比 H109 树脂快，这是由于经胺基修饰后树脂与黄连素分子之间产生的氢键是比范德华力更强的作用力。氢键的形成大大增强了 HX 树脂对黄连素的吸附力，加快了吸附速率，由于氢键和比表面积增大两个因素的影响，吸附量也大大提高。

3.1.3.3　小结

1）五种大孔树脂中，H103 树脂吸附效果最佳。

2）H103 树脂吸附黄连素的最佳吸附 pH 为 7.0。

3）在最佳吸附 pH 和温度条件下，对于 200 mL 的模拟废水，3.0 g 为最佳的树脂投加量。

4）H103 树脂是黄连素的优良吸附剂，Freundlich 等温方程可以很好地描述吸附过程。

5）经胺基修饰后的 HX 树脂有效孔径和比表面积增大，并能够对黄连素形成氢键吸附，吸附量大大增加。

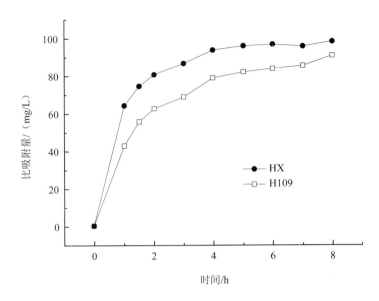

图 3-13　胺基修饰前后 HX 树脂和 H109 树脂的比吸附量

3.1.4　制药废水的电絮凝处理技术研究

3.1.4.1　脉冲电絮凝实验装置

脉冲电絮凝处理黄连素废水反应装置如图 3-14 所示，其有效体积为 10 L，并通过 BT 300-2J 蠕动泵（保定兰格恒流泵有限公司）使废水保持均匀；SMD-30 数控双脉冲电镀电源（河北邯郸大舜电镀设备有限公司）提供体系中的脉冲电流；纯铁板（200 mm×120 mm×2 mm，电极有效面积为 180 cm²，极板间距可调）作为电极的阴极与阳极。

为保证实验在相同条件下进行，每次实验前用砂轮对电极表面进行抛光，然后置（1+9）的稀盐酸中浸泡活化，并擦干称重。

在反应槽中加入 10 L 黄连素废水，采用蠕动泵使反应过程中废水中浓度保持均匀，改变电极材料、占空比、脉冲频率、电流密度、电极间距和反应时间等参数进行电解，记录电极两端电压电流。反应结束后，将反应器静置待絮凝物上浮或沉淀而使溶液分层后，取中间清液过滤，分别测定 COD 和黄连素浓度。取出电极，将电极表面残留物清洗干净后擦干称重，计算反应过程的消耗量。

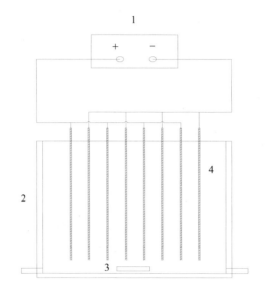

1—脉冲电源；2—反应槽；3—泵；4—电极

图 3-14　脉冲电絮凝法处理黄连素废水实验装置

3.1.4.2　脉冲电絮凝对制药废水处理效能

（1）电极材质的影响

在任何电化学反应中，电极材料对处理效率有较大的影响[18]。高效、易获得、对人体和环境无害是选择电极材料的重要因素[19]，而在传统化学絮凝法中，采用的絮凝剂大多为含有 Fe^{3+} 和 Al^{3+} 的氯化物，Fe^{3+} 和 Al^{3+} 在水中水解产生复杂的多核羟聚物，絮凝沉淀水中污染物。铁和铝由于材料易得、价格便宜，其离子水解后生成的氢氧化物和氢氧化聚合物比化学絮凝剂的絮凝效率高，可以破坏胶体和乳浊液的稳定性，最终形成絮体被沉淀或浮选去除，成为电絮凝工艺中运用最为广泛的电极材料[20,21]。

保持电流密度为 19.4 mA/cm²（电流为 3.5 A），脉冲频率为 1 kHz，电极间距为 2 cm，反应时间为 3.5 h，考察电极材料（Fe 和 Al）对废水 COD 和黄连素去除率的影响，结果如图 3-15 所示。由图可见，铁电极对废水中 COD 和黄连素的去除率明显优于铝电极。反应 3.5 h 后，铁电极对 COD 和黄连素的去除率均可达 80% 以上，而铝电极对二者的去除率仅为 40% 左右。较铝电极相比，铁电极有更高的去除效率，可能因为铁离子的水解产物比铝离子的水解产物密度更大，更易分离[22]。另外，铁的电化学等效质量为 1 041 mg/（A·h），约为铝 [335.6 mg/（A·h）] 的 3 倍。因此，相同通电量情况下铁比铝能产生更多的絮体[23]。

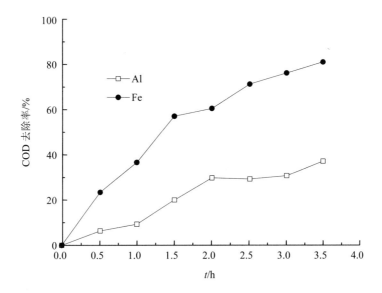

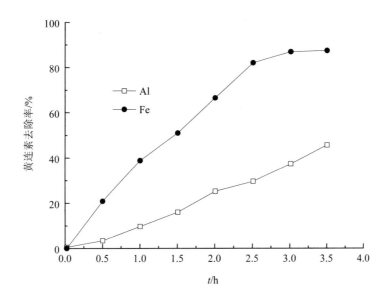

图 3-15 电极材料对 COD 和黄连素去除率的影响

（2）占空比的影响

占空比是脉冲电絮凝优于电絮凝的关键参数，降低占空比可以有效降低能耗。如当占空比为 1/2 时，脉冲电压的平均值则为直流供电时的 1/2，脉冲电流的平均值也为直流供电时的 1/2，电能消耗仅为直流供电时的 1/4。由于是间断供电，在断电间隙期间，铁板停止消耗，从而使平均铁耗大大降低。

保持电流密度为 19.4 mA/cm² (电流为 3.5A)，脉冲频率为 0.1 kHz，电极间距为 2 cm，反应时间为 3.5 h，考察占空比对废水 COD 和黄连素去除率的影响，结果如图 3-16 所示。由图可见，COD 和黄连素去除率随占空比的增加分别稳定在 65% 和 70%，但在占空比为 0.7 时有所下降。随着占空比的提高，通电时间不断延长，当电极间距较密时，电极表面扩散不够充分，处理效果接近直流电絮凝，易产生浓差极化而导致电极钝化，以致处理效果降低。综合考虑处理效果和能耗，反应时占空比应保持在 0.7 以下。

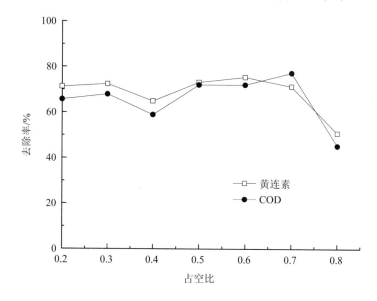

图 3-16　占空比对 COD 和黄连素去除率的影响

（3）电流密度的影响

在所有电化学过程中，电流密度是影响反应效果的重要因素。电流密度的强弱决定了絮体产生速度，并改变气泡产生的速度和尺寸，从而影响了絮体的增长。保持电极间距 3 cm，脉冲频率 0.1 kHz，占空比为 0.3，降解时间为 3.5 h，考察电流密度对废水 COD 和黄连素去除率的影响，结果如图 3-17 所示。总体来说，电流密度越大，去除率越高。在高电流密度下，铁阳极的溶解增加，从而产生更多的絮体。另外，随着电流密度的增加，气泡的产生速率增加，体积减小，有利于气浮作用对污染物的去除[24]，如果阳极电位足够高，其他的化学反应可能会发生，如水或有机物直接在阳极氧化[20]。COD 和黄连素去除率随电流密度的增加而增大，当电流密度由 1.1 mA/cm² 增加到 19.4 mA/cm² (电流由 2 A 增加到 3.5 A) 时，COD 和黄连素的去除率均可由 67.7% 增加到 82.1%，随后 COD 去除率基本保持不变，黄连素去除率略有升高。当电流密度为 27.8 mA/cm² (电流为 5 A) 时，二者去除率分别为 87.3% 和 96.3%。电流密度的升高有利于提高处理效率，但增加电流密度会导致槽电压升高，增加能耗和材耗。综合考虑处理效果和能耗，反应时电流密度应控制在 19.4 mA/cm^2（电流为 3.5 A）为宜。

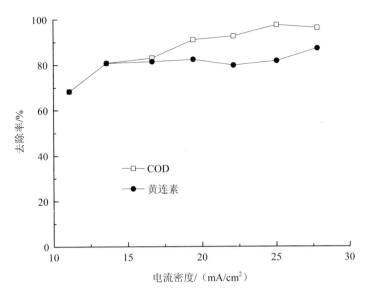

图 3-17　电流密度对 COD 和黄连素去除率的影响

（4）脉冲频率的影响

由于电极溶液界面存在双电层，该双电层近似于 1 个平板电容器。当板间距离很短时，就具有很高的电容，在脉冲状态下所产生的电容效应直接影响着脉冲频率的选择，只有脉冲宽度远大于双电层充电时间、脉冲间隙时间远大于双电层放电时间，才能保证输出理想的方波[25,26]，从而保证电流、电压的稳定。

保持电流密度为 19.4 mA/cm^2（电流为 3.5 A），占空比为 0.5，电极间距为 2 cm，反应时间为 3.5 h 不变，考察脉冲频率（0.1～5 kHz）对废水 COD 和黄连素去除率的影响，结果如图 3-18 所示。由图可见，当脉冲频率由 0.1 kHz 升至 0.5 kHz 时，COD 和黄连素去除率均不高，且随脉冲频率的升高而降低；随后，去除率急剧上升，在 1 kHz 时达最大，二者去除率均可达 70% 以上；之后，脉冲频率升高，COD 和黄连素的去除率又有所下降。当脉冲频率较高时，会造成脉冲宽度和脉冲间断时间小于双电层的充电、放电时间，输出电流接近直流，失去脉冲消除钝化的效果，使处理效率下降[27]。因此，脉冲频率宜选择 1 kHz。

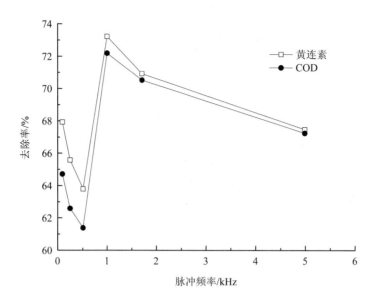

图 3-18　脉冲频率对 COD 和黄连素去除率的影响

（5）电极间距的影响

保持电流密度为 19.4 mA/cm^2（电流为 3.5 A），占空比为 0.3，脉冲频率为 1 kHz，反应时间为 3.5 h 不变，考察电极间距对废水 COD 和黄连素去除率的影响，结果见图 3-19。由图可见，COD 和黄连素的去除率均随电极间距的增大先升高后降低，当电极间距为 2 cm 时，二者去除率分别可达 68%和 72%。当电极间距较密时，不利于电极之间的离子扩散，产生的絮体无法有效捕集水中的污染物；当电极间距逐渐增大时，离子的产生速度变慢[28]，更易于聚集并形成体积较大且疏松的絮体，提高去除率；但当电极间距大于 2 cm 时，电絮凝过程中的气浮作用随之减弱，影响了阳极表面氧化铁复合物的脱落，导致了电极反应速度的下降[29]。另外，铁电极的电压梯度与极板间距呈良好的线性关系[30]，随着电极间距的增大化学电阻也随之增大，电解电压呈线性增加，即去除单位污染物所需的能耗呈线性增加。综合考虑处理效果及能耗，电极间距应保持在 1.5～2.5 cm。

（6）反应时间的影响

除电流密度以外，电解时间也是一个影响处理效果的重要因素[31]。根据法拉第方程，电解过程中析出的 Fe^{3+} 和 Fe^{2+} 的量与通过的电量成正比。对于一定的工业废水，反应电压、电流强度是一定的，絮体的产生量仅与电解时间有关，所以在反应过程中，随着时间的延长，污染物将被去除得更加彻底。但延长反应时间，反应能耗和材耗随之增加，因此，确定最佳反应时间至关重要。

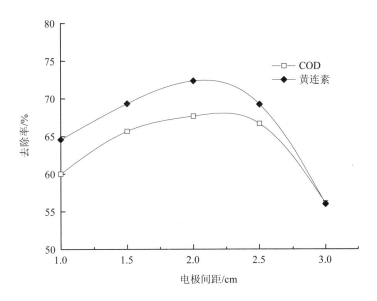

图 3-19　电极间距对 COD 和黄连素去除率的影响

法拉第方程：

$$\Delta M = \frac{MIt_{PE}}{nF} \tag{3-1}$$

式中，ΔM——产生的离子质量，g；

　　　M——离子摩尔质量，g/mol；

　　　n——转移的电子数；

　　　F——法拉第常数，F=96 487 C/mol；

　　　I——反应电流，A；

　　　t_{PE}——反应时间，s。

保持电流密度为 19.4 mA/cm^2（电流为 3.5 A），占空比为 0.3，脉冲频率为 1 kHz，电极间距为 2 cm 不变，考察处理时间对废水 COD 和黄连素去除率的影响，结果见图 3-20。由图可见，COD 和黄连素去除率随时间延长逐渐增加，当反应进行至 3.5 h 时，COD 和黄连素的去除率可达 69.6% 和 72.8%，反应继续进行至 5.5 h 时，COD 和黄连素去除率分别达 93.1% 和 92.8%，随后去除率基本保持不变，7 h 后，COD 和黄连素的去除率分别达 96.7% 和 94.7%，此时电能消耗为 3.5 h 时的 2 倍，而去除率仅提高 20%。因此，综合处理效果和经济因素，反应时间不宜过长，3.5 h 已可以满足预处理需要。

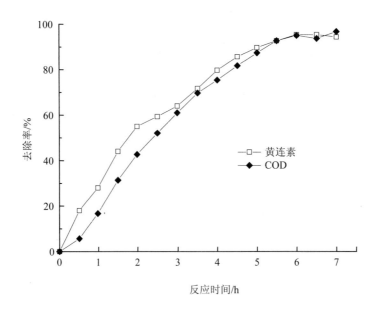

图 3-20 反应时间对 COD 和黄连素去除率的影响

综上所述，脉冲电絮凝处理模拟黄连素废水的最佳条件为：电流密度为 19.4 mA/cm² （电流为 3.5 A），占空比为 0.3，脉冲频率为 1 kHz，电极间距为 2 cm，反应时间为 3.5 h。

（7）脉冲电絮凝处理实际废水

在模拟实验得到的最佳反应条件，即电流密度为 19.4 mA/cm²（电流为 3.5 A），占空比为 0.3，脉冲频率为 1 kHz，电极间距为 2 cm，反应时间为 3.5 h 下，采用脉冲电絮凝处理实际废水。在废水中投加 NaOH 调节不同 pH，考察脉冲电絮凝法在不同 pH 下对实际废水中 COD 和黄连素去除率的影响，结果见图 3-21。由图可见，脉冲电絮凝法对黄连素实际废水具有良好的处理效果，且随 pH 的升高，COD 和黄连素的去除率均有所上升，二者在反应 2 h 后基本达到稳定。在 pH 为 10、反应时间为 3.5 h 时，COD 和黄连素的去除率分别达到约 62.6% 和 92.1%。

（8）小结

①与铝电极相比，铁电极在处理黄连素废水中具有明显的优势，其对废水中 COD 和黄连素的去除率约为相同条件下铝电极的 2 倍；通过对絮体 FTIR 分析，表明铁电极产生絮体较铝电极产生絮体对黄连素有更强的吸附作用。

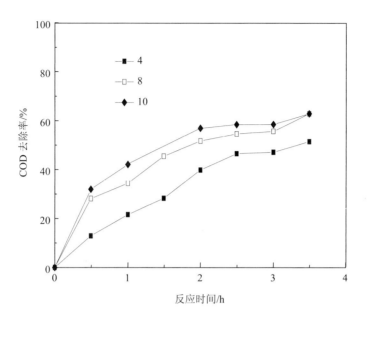

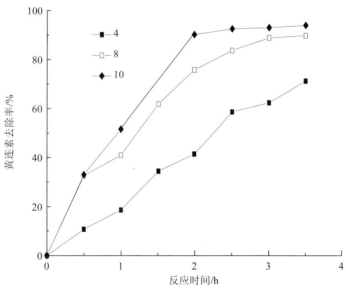

图 3-21　实际废水中 COD 和黄连素去除效果

　　②占空比对黄连素废水的降解效果影响不大，采用低占空比可在保证去除率的同时有效地降低反应能耗，高电流密度和延长反应时间均可有效提高黄连素去除率，综合考虑处理效果和经济因素，保持反应时间为 3.5 h、占空比为 0.3、脉冲频率为 1 kHz、电流密度为 19.4 mA/cm^2（电流为 3.5 A）、电极间距为 1.5～2.5 cm 为宜。

③当占空比为 0.3、脉冲频率为 1 kHz、电流密度为 19.4 mA/cm^2（电流为 3.5 A）、电极间距为 2 cm 时，反应 3.5 h 后模拟废水中 COD 和黄连素的去除率分别可达 69.6%和72.8%。

④脉冲电絮凝法对黄连素实际废水中 COD 和黄连素也具有较好的去除效果，在最优条件下，去除率分别为 62.6%及 92.1%。

3.1.4.3　脉冲电絮凝工艺与传统絮凝工艺的比较研究

（1）脉冲电絮凝与传统电絮凝比较

①不同供电方式对去除率的影响

保持电流密度为 19.4 mA/cm^2（电流为 3.5 A）、脉冲频率为 1 kHz、电极间距为 2 cm、pH 为 8、反应时间为 3.5 h 不变，综合考虑处理效果和能耗比较占空比为 0.3 和直流电絮凝时对废水 COD 和黄连素去除率的影响，结果见图 3-22。由图可见，在相同通电量情况下，脉冲电絮凝的处理效果明显优于直流电絮凝，其单位通电量去除 COD ［1 370 mg/（W·h）］约为后者［122 mg/（W·h）］的 11 倍，二者单位 COD 耗铁量分别为 5.1 mg Fe 和 5.7 mg Fe，差别不大。综上所述，脉冲电絮凝在处理黄连素废水上具有较好的处理效果和节能效果。

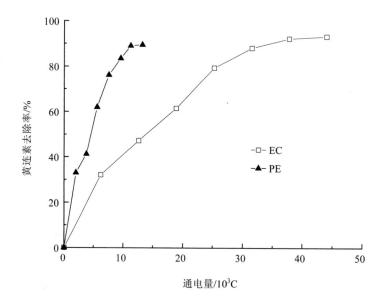

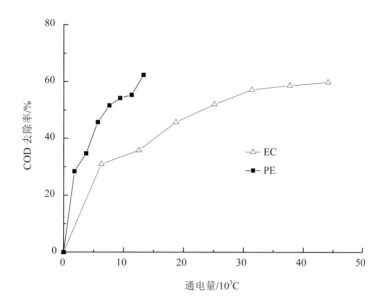

图 3-22　脉冲和直流电絮凝处理效果的比较

②不同供电方式对电极钝化的影响

向浸在电解质溶液中的金属施加直流电，金属的自然腐蚀电位会发生变化，这个现象称为极化。所通电流为正电流时，金属作为阳极其电位向正方向变化的过程称作阳极极化。具有钝性倾向的金属在进行阳极极化时，如果电流达到足够的数值，电极电位增大，金属表面上能够生成一层具有很高耐腐蚀性能的钝化膜而使电流减少，金属溶解速度下降，这个现象称为阳极钝化。

金属的钝化被认为是一种界面现象[32]，阳极极化使金属电极电位正移，氧化反应速度增大，金属的溶解使电极表面附近溶液中金属离子浓度升高，有利于溶液中某些组分与电极表面的金属离子反应生成金属的氧化物或盐类，形成致密的钝化膜[33]。

目前主要有 2 种理论解释钝化现象的产生，即成相膜理论和吸附理论。二者的主要区别在于，成相膜理论认为，当金属阳极溶解时，可以在表面上生成紧密的、与基体金属结合牢固的、覆盖型良好的固态产物，这些产物形成独立的相，成为钝化膜或成相膜。而吸附理论则认为，金属阳极的钝化并不需要在金属表面成膜，只需在金属表面或部分表面上生成氧或含氧粒子的吸附层即可改变金属与溶液界面的结构，使阳极反应的活化能升高，导致金属表面的反应能力降低而发生钝化现象。

在电絮凝过程中，阳极在直流电的作用下电极电位增大并不断产生 Fe^{2+}，使阳极周围离子浓度逐渐升高，促使电极表面形成一层致密的钝化膜，降低反应效率；而在脉冲供电条件下，由于电流以"通—断—通"的方式作用于电极，在断电时间内，不仅阳极上的 Fe^{2+} 会继续扩散到溶液中，并且在钝化过程中形成的氧化膜也会在电极附近的 H^+ 作用下溶解，从而避免或延缓电极钝化。图 3-23 为直流和脉冲（$\theta=0.3$，$f=1$ kHz）供电下，电流密度为 19.4 mA/cm^2、电极间距 2 cm 和反应时间为 3.5 h 后电极表面的电镜照片（KYKY-2800 扫描电镜）。由图可见，脉冲电絮凝反应后铁电极表面更为粗糙，腐蚀较均匀，而经直流电絮凝后，铁电极腐蚀部位有限。可见，脉冲电流可有效消除阳极钝化情况，有利于提高电流效率。

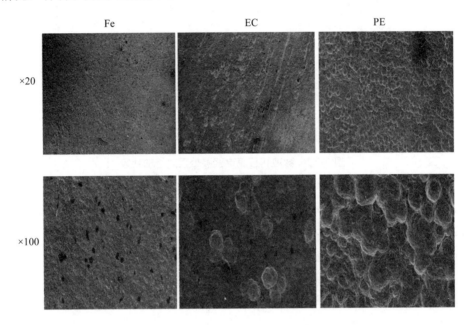

图 3-23　反应前后铁电极电镜照片

（2）脉冲电絮凝法与化学絮凝法比较

①PFS 处理黄连素废水

取 1 L 模拟黄连素废水，pH 为 7.3，投加一定量 PFS，在四联搅拌器上进行混凝实验，135 r/min 转速下搅拌 40 s，45 r/min 转速下搅拌 16 min，35 r/min 转速下搅拌 15 min。随着搅拌的进行，溶液由清变浑，在阶段二开始产生絮体，但絮体量少，颗粒细小，无明显矾花出现，絮体沉淀缓慢。静置沉淀 60 min 后，反应器底部出现一层薄而颗粒细小的黄色沉淀，溶液浑浊。随着 PFS 投加量的增加，反应过程中絮体量逐渐减少，溶液颜色逐渐变深，当投加量增至 0.8 mL 时，絮凝过程中无肉眼可见的絮体产生，溶液变浑浊。取中层液体过滤测定 COD 和黄连素去除率，结果见图 3-24。

由图可见，PFS 对废水中 COD 和黄连素无明显去除效果，并且随投加量增加，处理效果呈现先微弱升高后下降的趋势。当絮凝剂投加量较少时，絮凝剂水解反应不充分，不能充分降低胶粒的电位。随着投药量的增加，胶粒电位小于范德华力，失稳沉淀，去除率升高，当投药量过多时，絮凝剂水解产物使失稳的胶粒重新获得稳定重新溶解，去除率下降，故 PFS 的投加量应保持在 0.5 g/L 以下。

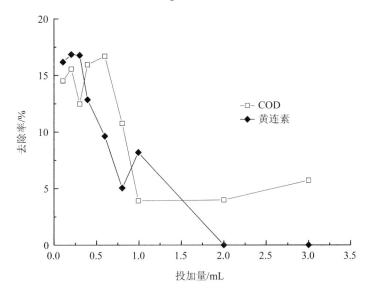

图 3-24　PFS 投加量对 COD 和黄连素去除率的影响

不同 pH 下，PFS 水解产物形态及性质差别较大，用（1+9）盐酸和 0.1 mol/L 的 NaOH 溶液调节废水 pH 为 5.5～8.5，在四联搅拌器上进行混凝实验，135 r/min 转速下搅拌 40 s，45 r/min 转速下搅拌 16 min，35 r/min 转速下搅拌 15 min，在各 pH 条件下反应时均无明显矾花生成。静置沉淀 60 min 后，取中层液体过滤测定 COD 和黄连素去除率，结果见图 3-25。总体来说，不同 pH 条件下，PFS 对黄连素废水的处理效果均不明显。当 pH 在 7.5～8.0 时，去除率略高于酸性和碱性条件。

②PAC 处理黄连素废水

取 1 L 模拟黄连素废水，用（1+9）盐酸和 0.1 mol/L 的 NaOH 溶液调节废水 pH 为 5.5～8.5，投加一定量 PAC，在四联搅拌器上进行混凝实验，135 r/min 转速下搅拌 40 s，45 r/min 转速下搅拌 16 min，35 r/min 转速下搅拌 15 min。随搅拌的进行，溶液由清变浑，在阶段二开始产生絮体，并出现明显矾花。静置沉淀 60 min 后，反应器底部出现一层厚而疏松的浅褐色沉淀，溶液浑浊。且随 pH 的升高，矾花产生量先增多后减少。取中层液体过滤测定 COD 和黄连素去除率，结果见图 3-26。

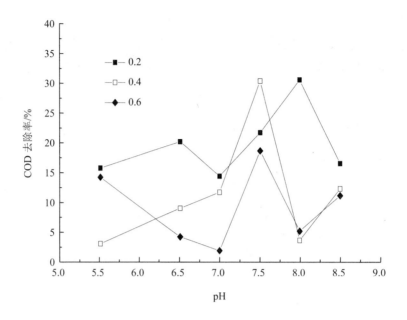

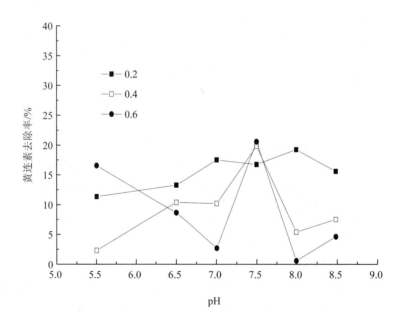

图 3-25　pH 对 COD 和黄连素去除率的影响

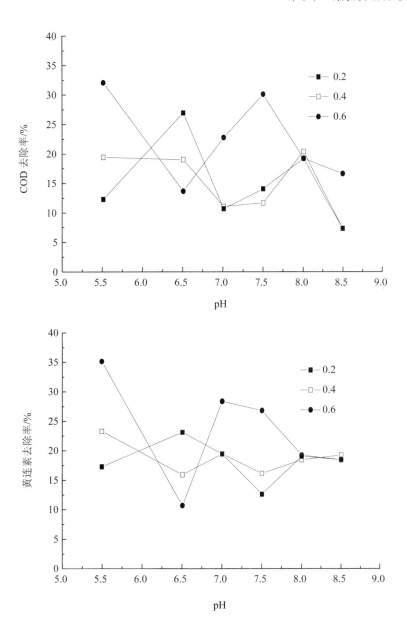

图 3-26 PAC 投加量和 pH 对 COD 和黄连素去除率的影响

    由图可见，PAC 对水中 COD 和黄连素无明显去除效果，在酸性条件下，增加投药量有利于污染物的去除，而中性和碱性条件下，投药量对去除率的影响不显著。

③成本分析

    采用 PFS 和 PAC 处理黄连素废水中 COD 的最高去除率分别为 30.42%和 32.16%，对黄连素的最高去除率分别为 20.03%和 35.29%。此时，PFS 和 PAC 的用量分别为 0.4 mL/L

和 0.6 g/L，二者市售价格分别为 800 元/t 和 1 950 元/t，即 0.44 元/t 废水和 0.78 元/t 废水。

脉冲电絮凝条件下通电量和耗电量公式分别为

$$q' = It\theta \times 3\,600 \tag{3-2}$$

$$Q' = \bar{U}It\theta^2 \tag{3-3}$$

式中，q'——通电量，C；

I——电流，A；

t——时间，h；

θ——脉冲占空比。

Q'——耗电量，W·h；

$\bar{U}$——电压，V；

由图 3-21 可知，当达到相同处理效果时，脉冲电絮凝通电量约为 2×10^3 C/10 L 废水，根据公式 3-3，耗电量为 0.03 kW·h/t 废水，按沈阳市 1 000 V 以下工业供电价格 0.661 元/（kW·h）计算，处理每吨黄连素废水的价格为 0.02 元。可见脉冲电絮凝工艺成本消耗远低于传统化学絮凝工艺。

3.1.4.4 小结

1）与传统电絮凝相比，脉冲电絮凝技术在处理黄连素废水中节能优势明显，其电能消耗仅为传统电絮凝的 10%，而电极消耗和去除效果则与之持平。

2）与化学絮凝技术相比，脉冲电絮凝技术处理黄连素废水具有明显优势，对废水中 COD 和黄连素的去除率远高于化学絮凝法；通过 FTIR 分析絮体成分，可见脉冲电絮凝产生的絮凝剂对黄连素的吸附能力远优于传统化学絮凝剂；通过成本分析，达到相同处理效果时，脉冲电絮凝技术消耗成本远低于化学絮凝技术。

3.2 高级氧化处理技术

3.2.1 高级氧化技术介绍

目前，高级氧化技术主要包括 Fenton（芬顿）氧化法、臭氧氧化法及湿式氧化法等。

3.2.1.1 Fenton 氧化法

Fenton 反应最初是法国科学家 Fenton[34] 在 1894 年发现的，当他利用 H_2O_2 氧化酒石酸等有机物时，发现 Fe^{2+} 离子有显著的加速氧化作用，并在随后的实验中证实亚铁盐与

H_2O_2 的组合是一种很有效的有机物氧化剂，指出 Fe^{2+} 离子在反应过程中的催化作用。后来将这种组合试剂称为 Fenton 试剂，使用这种试剂的反应相应地称为 Fenton 反应。1934年，Haber 和 Weiss[34] 推测 Fenton 反应的机理主要以电子转移，即金属阳离子氧化态和还原态的变化使 H_2O_2 催化分解产生羟基自由基（·OH），来解释水溶液中金属阳离子催化分解机理。

$$H_2O_2 + Fe^{2+} \longrightarrow Fe^{3+} + OH^- + \cdot OH \qquad (3-4)$$

Fenton 试剂的早期研究主要在有机合成领域。20 多年来，Fenton 试剂在工业有机废水处理中逐渐得到应用[35-37]。由于其具有极强的氧化能力，并且具有设备简单、反应条件温和、操作方便、高效等优点，在处理有毒有害难生物降解有机废水中极具应用潜力，因而，Fenton 试剂在废水处理中的应用具有特殊意义，受到国内外普遍重视。

3.2.1.2　O_3 氧化法

O_3 被认为是一种有效的氧化剂和消毒剂，采用臭氧氧化处理有机废水反应速度快、无二次污染[38]。在水溶液中，臭氧可通过两种不同途径与物质反应——直接反应与间接反应。不同的反应途径产生不同的氧化产物而且受不同类型的动力学机理控制。一般来说，当自由基链反应受到抑制时，直接臭氧氧化是主要的氧化步骤，其主要的反应机理[39]有三种，即环加成反应、亲电反应以及亲核反应。而间接臭氧反应主要通过链反应生成强氧化剂——·OH，所以臭氧间接氧化污染物一般分两个步骤：臭氧自分解生成·OH，·OH 氧化污染物[40]。

单纯使用 O_3 氧化法处理废水存在 O_3 利用率低、氧化能力不足及 O_3 含量低等问题。为此，近年来发展了旨在提高臭氧氧化效率的相关组合技术，其中 O_3/H_2O_2[41]、均相催化臭氧[42,43]、非均相催化臭氧[44,45] 等组合方式被证明很有效，不仅可提高氧化速率和效率，而且能够氧化 O_3 单独作用时难以氧化降解的有机物。

3.2.1.3　湿式氧化法

（1）湿式空气氧化法

湿式空气氧化法（Wet Air Oxidation，WAO）是指在高温高压下，以空气中的 O_2 为氧化剂（也可用其他氧化剂），在液相中将有机污染物氧化为 CO_2、H_2O 等无机物或小分子有机物的化学过程[46]。

WAO 技术最初是 1944 年由美国化学家 F.J. Zimmermann 提出的，并首次应用于处理造纸黑液[47]。其理论基础在于：任何含水的可燃性有机物都可在高温高压下与氧发生反应。WAO 法最佳反应温度为 300～340℃，温度越高，反应速度越快。它适用于 COD 质量浓度为 20～200 g/L 的高质量浓度难降解有机废水。

（2）催化湿式氧化法

传统的湿式氧化技术需要较高的温度和压力以及相对较长的停留时间，尤其是某些难氧化的有机化合物，反应要求更为苛刻。因此，自 20 世纪 70 年代以来，在 WAO 基础上发展了催化湿式氧化技术（CWAO）[48,49]。CWAO 采用了适宜的催化剂，使反应在低温度和低压力，即在 280～320℃、7～10 MPa 和更短时间内进行，同时可降低对设备要求，减缓设备腐蚀，减少设备投资和处理费用。

（3）超临界水氧化法

超临界水氧化法（Supercritical Water Oxidation，SCWO）是 20 世纪 80 年代美国学者 M．Modell 提出的一种能彻底破坏有机物结构的新型高效氧化技术，是湿式氧化法的延伸[50,51]。SCWO 技术利用超临界水（$T_c \geqslant 374℃$，$P_c \geqslant 22.1$ MPa）作为氧化有机物的介质，使气体、有机物完全溶于废水中，气液相界面消失，形成均相氧化体系，它的黏度低、扩散性强、流体传输得到改善，大大提高了反应速率。由于反应的温度高、速率快，几乎所有的有机物在极短时间内就可完全分解，被氧化降解为 H_2O、CO_2、N_2 及其他无害小分子。SCWO 技术由于在特殊的高温、高压状态下反应，其工业化面临的主要问题是异常苛刻的安全要求和反应器材的防腐，对反应器材质的要求较高。

3.2.2　Fenton 氧化法处理黄连素废水的研究

近年来，以羟基自由基（·OH）的形成和参与氧化为特征的高级氧化技术（AOPs），因其对多种难降解污染物具有高效的去除能力而备受关注。目前，AOPs 已被成功应用于多种难降解废水的处理中，其对难降解有机物表现出较好的去除效果。常见有 Fenton 体系及其组合和变形技术、O_3 氧化及其组合技术、湿式氧化技术、电化学氧化技术等。其中，Fenton 试剂具有设备简单、反应条件温和、操作方便以及无二次污染等优点，在废水处理领域中受到了极大关注。

Fenton 法是将 $FeSO_4$ 或其他含 Fe^{2+} 物质与 H_2O_2（Fenton 试剂）在低 pH 条件下混合，Fe^{2+} 催化分解 H_2O_2 推动自由基链反应，进而生成·OH，这些·OH 具有很高的氧化能力，能在短时间内分解有机物，将其氧化成 CO_2 和 H_2O，或将其转化为较易生物降解的有机物，从而大大提高废水的可生化性。

3.2.2.1　材料与方法

取 300 mL 黄连素成品母液废水置于 500 mL 烧杯中，用 NaOH 溶液调节废水初始 pH，将烧杯置于恒温水浴锅中（温度根据试验需要调节），待废水温度稳定后，投加一定量的

FeSO$_4$溶液（2 mol/L）和 H$_2$O$_2$（30%），使用 CJJ-1 精密电动搅拌器（江苏金坛荣华仪器制造有限公司，转速为 400 r/min）搅拌混合并记为 0 时刻，定时取样，样品立即用 NaOH 溶液调节 pH 至 9～10 终止反应，静置沉淀 30 min 后取上清液测定水质指标。使用该方法分别进行正交试验和单因素影响试验。

3.2.2.2　Fenton 法处理黄连素制药废水的实验设计

（1）正交试验

选择反应初始 pH、反应温度、反应时间、H$_2$O$_2$ 及 FeSO$_4$ 投加量这 5 个可控参数作为正交试验的影响因素，对每个影响因素都选定 4 个有代表性的水平，设计五个因素四个水平正交试验表，见表 3-5。试验结果见表 3-6。

表 3-5　正交试验的影响因素及水平

水平	影响因素				
	A pH	B 温度/℃	C 反应时间/min	D H$_2$O$_2$/（mL/L）	E FeSO$_4$/（mL/L）
1	2	10	30	6	0.5
2	3	20	60	12.5	1.5
3	4	30	90	25	2
4	6	50	120	37.5	3

表 3-6　正交试验结果

试验序号	A	B	C	D	E	去除率/%
1	1	1	1	1	1	16.4
2	1	2	2	2	2	24.2
3	1	3	3	3	3	39.1
4	1	4	4	4	4	43.1
5	2	1	2	3	4	22.4
6	2	2	1	4	3	35.6
7	2	3	4	1	2	39.9
8	2	4	3	2	1	34.9
9	3	1	3	4	2	12.5
10	3	2	4	3	1	24.9
11	3	3	1	2	4	32.4
12	3	4	2	1	3	30.6
13	4	1	4	2	3	3.2
14	4	2	3	1	4	29.2
15	4	3	2	4	1	40.2
16	4	4	1	3	2	33.1

表 3-7　极差分析

分析项	A	B	C	D	E
均值 1	0.307	0.136	0.294	0.290	0.291
均值 2	0.332	0.285	0.294	0.237	0.274
均值 3	0.251	0.379	0.289	0.299	0.271
均值 4	0.264	0.354	0.278	0.329	0.318
极差	0.081	0.243	0.016	0.092	0.047

（2）正交试验分析

通过正交试验由极差计算 B（0.243）＞D（0.092）＞A（0.081）＞E（0.047）＞C（0.016）可知，B（反应温度）对 COD 的去除率影响最大，其后依次是 H_2O_2 投加量、初始 pH、$FeSO_4$ 投加量和反应时间。

反应进行的程度和反应速度及反应时间相关，在相同的进度时，速度越快，反应时间越短。Fenton 试剂的氧化过程是纯粹的化学反应过程，反应的平衡常数直接和温度相关，进而影响反应速度和时间。从理论上来讲，温度越高，反应速度越快，所需时间也就越短，因此温度对反应的影响程度最大。此外，反应程度还和反应物的浓度有关，Fenton 试剂氧化时，反应物实际上是·OH 和有机污染物，而·OH 的产生和 pH、$FeSO_4$ 投加量、H_2O_2 投加量息息相关，H_2O_2 试剂氧化一般在 pH 为 2～5 下进行[52-54]，在该 pH 范围内其·OH 生成速率最大，在该试验中也验证了这一点。就本试验所选择的试验条件而言，最佳反应条件出现在 A1、B4、C4、D4、E4，最佳点为：初始 pH 为 2、反应温度为 50℃、反应时间为 120 min、H_2O_2 投加量为 37.5 mL/L 废水、$FeSO_4$ 投加量为 3 mL/L 废水。

3.2.2.3　Fenton 法处理黄连素废水的影响因素

（1）温度的影响

选择 $c(H_2O_2)$ 为 0.35 mol/L 废水，反应体系的初始 pH 为 2，$c(FeSO_4)$ 为 2 mol/L 废水、反应时间设定为 120 min。

Fenton 试剂对废水中 COD_{Cr} 和黄连素的降解作用实际上是化学反应的过程。对于一般的化学反应，在一定温度范围内，化学反应温度的升高，反应物分子的能量随之增加，大量的非活化分子获得能量后变成活化分子，单位体积内活化分子所占比例大大增加，分子间的碰撞次数增多，从而反应速率大幅增加。

反应温度对 Fenton 试剂降解 COD_{Cr} 和黄连素的影响如图 3-27 和图 3-28 所示。在低温阶段，在相应的反应时间内，温度的升高，Fenton 试剂对 COD_{Cr} 和黄连素的去除率具有正效应；但是超过 40℃时，升高温度对 COD_{Cr} 和黄连素的去除率提高不明显。对于 Fenton 体系，一定的温度可以激活自由基的产生，加速反应进行；而过高的温度会使 H_2O_2 快速分解，从而 Fenton 试剂失去氧化作用。

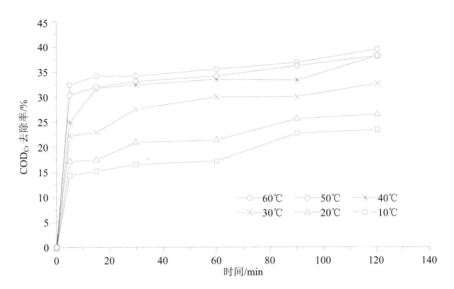

图 3-27　反应温度对 COD_{Cr} 去除率的影响

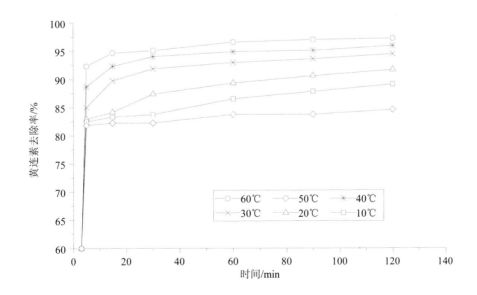

图 3-28　反应温度对黄连素去除率的影响

由试验结果可知，较高的反应温度有利于有机物的去除，对于实际的废水处理过程来说，提高废水温度会消耗大量的热量，但在实际生产中，该药厂新产生的废水温度可以达到60℃左右，经过输送损耗后仍可达到40℃左右，如充分利用新产生废水的余温将会较大地提升Fenton试剂的处理效果。所以，在后续试验中均采用40℃的温度条件以接近实际情况。

（2）H_2O_2投加量的影响

Fenton试剂处理废水的有效性主要取决于所投加的过氧化氢。在试验没有经验的情况下可以通过理论计算来粗略地估计投加量。在H_2O_2分子中只有1个O原子起氧化作用。一般情况下，实际用量要多于理论用量，但我们可以先估算出一个大致范围。

选择反应温度40℃，反应体系的初始pH为2，$c(FeSO_4)$为6 mmol/L废水、反应时间设定为120 min。

$c(H_2O_2)$对COD_{Cr}和黄连素去除率的影响如图3-29和图3-30所示。由图可知，随着$c(H_2O_2)$的增加，废水中COD_{Cr}和黄连素去除率先增大，然后基本不变并且略有下降。当$c(H_2O_2)$较低时，其投加量的增多，分解的·OH的量也逐渐增多，Fenton试剂的氧化能力逐渐增强；但$c(H_2O_2)$较高时，Fenton反应体系中过量的H_2O_2非但不能产生大量的·OH，反而在反应的开始阶段就把Fe^{2+}氧化为Fe^{3+}，反应在Fe^{3+}的氧化下进行，不仅消耗了一定的H_2O_2，又抑制了·OH的产生[55]，Fenton体系的氧化能力反而下降。与此同时，反应中过量的H_2O_2还有可能影响出水的COD_{Cr}值。并且出于降低成本方面的考虑，该试验$c(H_2O_2)$0.24 mol/L废水为最佳投加量。

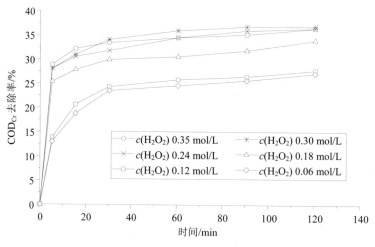

图 3-29　$c(H_2O_2)$对COD_{Cr}去除率的影响

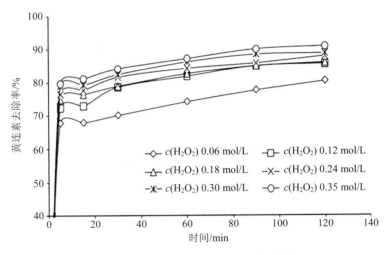

图 3-30　$c(H_2O_2)$ 对黄连素去除率的影响

（3）pH 的影响

选择反应温度 40℃，$c(H_2O_2)$ 为 0.24 mol/L 废水，$c(FeSO_4)$ 为 6 mmol/L 废水、反应时间设定为 120 min。分别考察 pH 为 1～6 条件下，废水初始 pH 对 COD_{Cr} 和黄连素去除率的影响见图 3-31 和图 3-32。

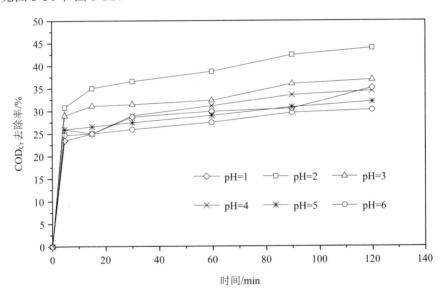

图 3-31　反应初始 pH 对 COD_{Cr} 去除率的影响

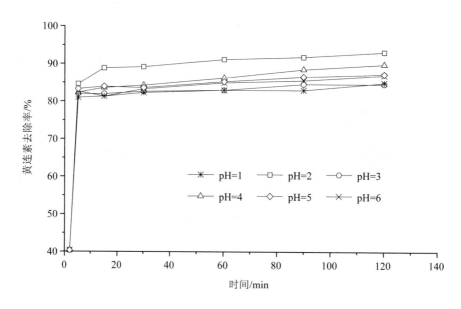

图 3-32　反应初始 pH 对黄连素去除率的影响

H_2O_2 试剂氧化在 pH 为偏酸性的条件下，其·OH 生成速率较大。由图 3-31 和图 3-32 可以看出，pH 对 COD_{Cr} 和黄连素去除率有明显的影响，当 pH 为 2 或 3 时，COD_{Cr} 和黄连素去除率最高。可见 pH 过高或过低对 COD_{Cr} 和黄连素的去除都不利。由式 $Fe^{3+}+H_2O_2 \longrightarrow Fe^{2+}+H^++\cdot O_2H$ 可知，pH 过高时，Fe^{3+} 易形成 $Fe(OH)_3$ 胶体或 $Fe_2O_3 \cdot nH_2O$ 无定形沉淀，抑制反应的进行，使生成·OH 的数量减少，导致系统的催化活性下降；反之，pH 过低时，依然会抑制该反应的进行，催化反应受阻[56]。鉴于经济性的考虑，试验最佳 pH 选取为 2。

（4）$FeSO_4$ 投加量的影响

选择反应温度 40℃，$c(H_2O_2)$ 为 0.24 mol/L 废水，初始 pH 为 2，调节 $FeSO_4 \cdot 7H_2O$ 的投加量，则 $FeSO_4 \cdot 7H_2O$ 的投加量对 COD_{Cr} 和黄连素去除率的影响见图 3-33 和图 3-34。

由图 3-33 和图 3-34 可知，COD_{Cr} 和黄连素的去除率随 Fe^{2+} 的投加量的增大而增大，Fe^{2+} 是催化产生羟自由基的必要条件，在 Fe^{2+} 的催化作用下，主要发生以下反应[57]：

$$Fe^{2+}+H_2O_2 \longrightarrow Fe^{3+}+OH^-+\cdot OH \qquad （3-5）$$

$$Fe^{3+}+H_2O_2 \longrightarrow Fe^{2+}+H^++\cdot O_2H \qquad （3-6）$$

$$RH+\cdot OH \longrightarrow R\cdot+H_2O \qquad （3-7）$$

$$R\cdot+H_2O_2 \longrightarrow ROH+\cdot OH \qquad （3-8）$$

$$Fe^{2+}+\cdot OH \longrightarrow OH^-+Fe^{3+} \qquad （3-9）$$

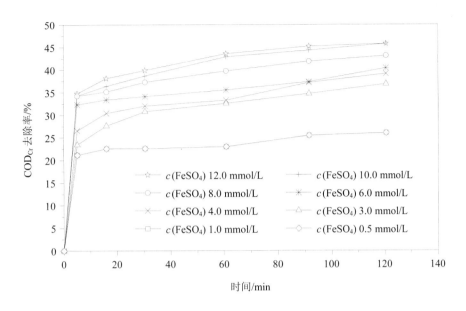

图 3-33　$c(FeSO_4)$对 COD_{Cr} 去除率的影响

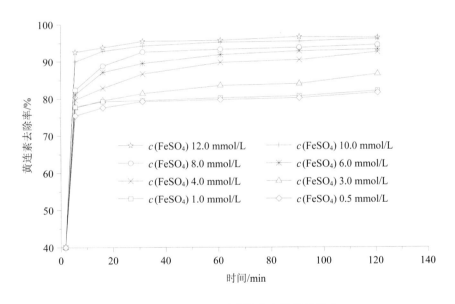

图 3-34　$c(FeSO_4)$对黄连素去除率的影响

$c(FeSO_4)$适当时，促进式（3-5）进行，羟自由基（·OH）的产生速率快。并且伴随反应生成的 Fe^{3+} 具有一定的絮凝作用，通过沉淀过滤后也能去除部分 COD_{Cr} 和黄连素，增强了 Fenton 试剂的去除效果。但是，当 Fe^{2+} 投加量过高时，会增加式（3-8）的进行，造成（·OH）的消耗，降低了反应效率，同时增加药剂费用，污泥量增多，造成二次污染。试验选取 $c(FeSO_4)$ 最佳浓度为 10 mmol/L 废水。

（5）反应时间的影响

由各反应定时取样的分析结果可知，加入 Fenton 试剂后的 30 min 里，废水中 COD_{Cr} 和黄连素的去除即可达到明显的效果；但随着时间的增加，COD_{Cr} 和黄连素的去除率的增加缓慢；超过 120 min 后，两种水质指标的去除率基本维持稳定，根据动力学理论，认为是反应速度的降低或产生了难以被 OH·氧化的一些中间体[58]。因此，本试验确定的最佳反应时间为 30min。

（6）反应对废水可生化性的影响

为进一步研究 Fenton 预处理方法对黄连素成品母液废水处理的适用性，考察了 Fenton 法对废水可生化性的改善作用，结果显示，Fenton 处理前废水 $\rho(BOD_5)$ 为 0 mg/L。采用 Fenton 法处理黄连素成品母液废水，在废水的最佳处理条件为初始 pH 为 2、反应温度 40℃、$c(H_2O_2)$ 为 0.24 mol/L、$c(FeSO_4)$ 为 10 mmol/L，反应时间 30 min 后，废水 $\rho(BOD_5)$ 提高至 700 mg/L，$\rho(BOD_5)/\rho(COD_{Cr})$ 约为 0.3，可见，Fenton 法不仅可以有效降低废水中 COD_{Cr} 和微生物抑制物——黄连素的浓度，还可以有效提高废水的可生化性，因此有利于废水的进一步生物处理和最终的达标排放。因此，Fenton 法是一种有效的黄连素成品母液废水预处理方法。

3.2.2.4　反应的成本分析

该试验因为鉴于小试试验条件，其成本主要取决于药剂使用，因此，仅对药品运行成本进行分析，见表 3-8。

表 3-8　Fenton 氧化-混凝法药品运行成本分析

名称	规格	单价/（元/t）	数量/t	成本/（元/t）
双氧水	30%工业级	1 200	0.008 16	32.64
七水硫酸亚铁	工业级	300	0.002 79	0.84
氢氧化钠	工业级	2 000	0.000 50	1.0
总计				34.48

由表可知，Fenton 氧化工艺的药品运行成本约为 34.48 元/t 废水，运行费用适中，因此，Fenton 氧化工艺预处理难降解的制药废水具有一定的经济和技术可行性。在该制药废水处理工程的运行成本中，主要特点是氧化剂为双氧水，成本较高；同时，调节废水

pH 也需要消耗氢氧化钠药剂，使得整个系统的药剂费用增高。在较大规模的试验条件下，可以考虑使用石灰水代替氢氧化钠来调节 pH，进一步降低部分药剂的使用成本。

3.2.2.5 小结

（1）针对 Fenton 法处理黄连素成品母液废水，采用正交试验方法对初始 pH、反应温度、反应时间、H_2O_2 及 $FeSO_4$ 投加量各个因素进行考察，得出各影响因素对 Fenton 处理黄连素废水中 COD_{Cr} 的影响由大到小依次为：反应温度、H_2O_2 投加量、初始 pH、$FeSO_4$ 投加量和反应时间。

（2）在正交试验基础上，通过单因素试验得到 Fenton 处理黄连素废水的最佳条件为反应温度 40℃、$c(H_2O_2)$ 为 0.24 mol/L、初始 pH 为 2、$c(FeSO_4)$ 为 10 mmol/L，反应时间 30 min，该条件下 COD_{Cr} 的去除率为 44.1%，黄连素的去除率为 96.2%。$\rho(BOD_5)/\rho(COD_{Cr})$ 由 0 提高到 0.3，废水可生化性显著提高。

（3）Fenton 氧化技术对于高浓度黄连素成品母液废水具有明显的处理效果，是一种有效的黄连素成品母液预处理方法。

3.2.3 Fenton 氧化法处理金刚烷胺废水的研究

3.2.3.1 H_2O_2 和 Fe^{2+} 投加比的影响

选择 H_2O_2 溶液的投加量为 3 000 mg/L，改变 Fe^{2+} 的投加量，研究 H_2O_2/Fe^{2+} 不同投加比对 COD 去除率的影响，试验结果如图 3-35 所示。由图可以看出，在 H_2O_2/Fe^{2+} 比值小于 1.28 时，随着比值的增大金刚烷胺废水的 COD 去除率逐渐增大，当 H_2O_2/Fe^{2+} 比值为 1.28 时，金刚烷胺废水的 COD 去除率达到最大值，约为 55%，之后继续增大 H_2O_2/Fe^{2+}，金刚烷胺废水的 COD 去除率反而减小，这说明 H_2O_2/Fe^{2+} 对·OH 的产生有重要的影响。当 H_2O_2/Fe^{2+} 小于 1.28 时，Fe^{2+} 投加量相对过高，反应启动时 Fe^{2+} 便与 H_2O_2 产生大量·OH，部分·OH 未来得及与有机物反应便发生了副反应：$Fe^{2+}+·OH \longrightarrow Fe^{3+}+OH^-$ 导致了·OH 利用率下降，同时浪费了催化剂 Fe^{2+}；而当 H_2O_2/Fe^{2+} 比值高于 1.28 时，相当于减少了 Fe^{2+} 投加量，不利于反应产生·OH，而且过少的·OH 影响了反应的进行。因此，反应存在一个最佳的 H_2O_2/Fe^{2+} 比值，当 H_2O_2/Fe^{2+}=1.28 时，Fenton 试剂氧化金刚烷胺废水的处理效果最好，所以试验选定 H_2O_2/Fe^{2+} 的值为 1.28。

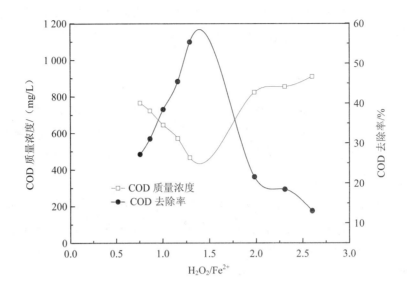

图 3-35　H_2O_2/Fe^{2+} 对金刚烷胺废水 COD 去除率的影响

3.2.3.2　反应时间的影响

选择 H_2O_2/Fe^{2+} 的值为 1.28，设定 H_2O_2 投加量为 2 000 mg/L，按上述试验进行，研究反应时间的变化对金刚烷胺废水 COD 去除率的影响，如图 3-36 所示。

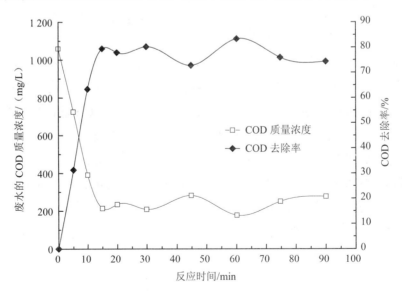

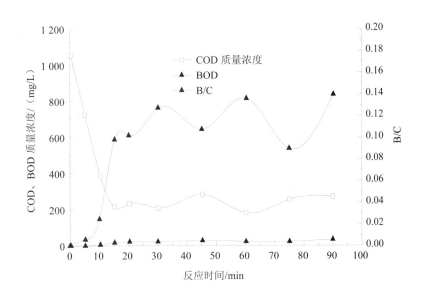

图 3-36　反应时间对金刚烷胺废水 COD 去除率和 B/C 比的影响

可以看出，在氧化反应开始的 15 min 内，金刚烷胺废水的 COD 值降低到 200 mg/L 左右，而氧化反应进行到 15 min 后，反应速度明显减慢。这说明由于 Fenton 试剂的氧化作用较强，在 15 min 的时间内完成了从破坏金刚烷胺稳定的环状结构到产生小分子有机物的氧化过程，因此选择反应时间为 15 min。废水的 B/C 随反应时间的增加而升高。反应 15 min 以后，金刚烷胺废水的 B/C 增加到 0.1 以上。

3.2.3.3　初始 pH 的影响

选择 H_2O_2/Fe^{2+} 为 1.28，H_2O_2 投加量为 3 000 mg/L，反应时间为 15 min，调节反应体系的初始 pH，研究金刚烷胺废水的 COD 值随不同 pH 的变化情况，结果如图 3-37 所示。

当废水的初始 pH 为 4 时，金刚烷胺废水 COD 下降得较快。这主要是因为：在 Fenton 反应中·OH 是 Fenton 反应关键因素。当 pH 低于 4 时，过酸的环境使 H_2O_2 稳定性增强而不利于·OH 的产生；并且反应体系中的 H^+ 同产生的·OH 反应生成水：$H^+ + ·OH \rightarrow H_2O$，消耗了·OH，·OH 的不足而使金刚烷胺的去除率较低；当 pH 高于 4 时，受过高的 pH 的影响，H_2O_2 分解速度过快，导致废水中没有充足的·OH 氧化有机物，同时高 pH 也易使反应体系中的 Fe^{2+} 生成 $Fe(OH)^+$、胶体或 Fe_2O_3 无定形沉淀，导致反应体系的催化性能下降，产生的·OH 不足以完全氧化有机物。因此试验的最佳 pH 选择为 4。

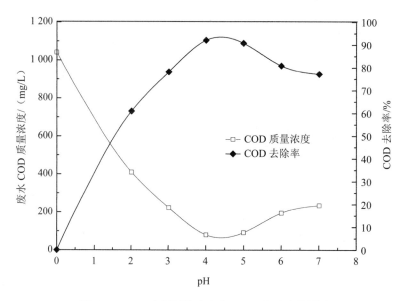

图 3-37　pH 对金刚烷胺废水 COD 去除率的影响

3.2.3.4　H_2O_2 质量浓度对废水去除率的影响

固定 H_2O_2/Fe^{2+} 为 1.28 不变，按上述试验进行，研究不同 H_2O_2 的投加量对 COD 变化的影响。

由图 3-38 可知，反应开始时模拟金刚烷胺废水 COD 随着 H_2O_2 投加量的增加而不断降低，当 H_2O_2 投加量大于 3 000 mg/L 时，尽管增加了 H_2O_2 投加量，金刚烷胺废水的 COD 值的降低不大。这主要是因为当 H_2O_2 的质量浓度低于 3 000 mg/L 时，·OH 随 H_2O_2 的投加量增加而增加，这时金刚烷胺废水的 COD 随 H_2O_2 的投加量增加明显下降；当 H_2O_2 的质量浓度高于 3 000 mg/L 后，由于 H_2O_2 质量浓度较高导致副反应·$OH+H_2O_2 \longrightarrow H_2O+HO_2$·产生的 HO_2·进一步发生反应 HO_2·+·$OH \longrightarrow H_2O+O_2$，从而消耗·OH，使得 COD 去除率缓慢增加；$H_2O_2$ 质量浓度过高导致氧化反应的速率降低的另一个原因在于 Fenton 试剂中将 Fe^{2+} 被过剩的 H_2O_2 氧化成 Fe^{3+}，降低了催化剂 Fe^{2+} 的含量而影响氧化反应进行。H_2O_2 投加量在 3 000 mg/L 时，COD 的去除率接近最大值，而增加 H_2O_2 投加量仅使 COD 的去除率少量增加，从反应的经济性考虑，以选择 H_2O_2 投加量 3 000 mg/L 为宜。

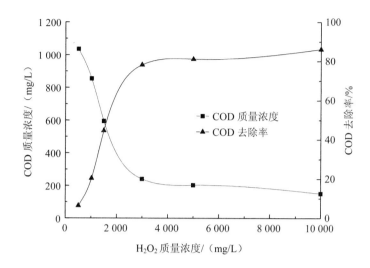

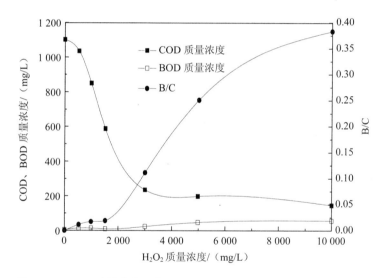

图 3-38　H_2O_2 质量浓度对金刚烷胺废水 COD 去除率和 B/C 比的影响

3.2.3.5　小结

（1）金刚烷胺废水可以被 Fenton 试剂氧化，且金刚烷胺废水的 COD 去除率可达 30%～80%。

（2）当金刚烷胺废水质量浓度为 500 mg/L 时，Fenton 试剂氧化金刚烷胺废水的最佳反应条件为：pH 为 4，H_2O_2 投加量为 3 000 mg/L，H_2O_2 与 Fe^{2+} 的配比为 1.28。

（3）在最佳反应条件下，Fenton 试剂氧化金刚烷胺废水的反应进行到 15 min 时，废水的 COD 的去除率可达到 80% 以上，反应后废水的 B/C 可提高到 0.1 以上。

（4）H_2O_2 和 Fe^{2+} 的投加超出最佳投加量会降低金刚烷胺废水的氧化效果。

3.2.4　O_3 氧化处理黄连素制药废水的研究

3.2.4.1　O_3 氧化实验装置

O_3 氧化装置主要包括 O_3 发生器、气体流量计及反应槽三部分，如图 3-39 所示。其中反应器为有效容积 2 L 的有机玻璃反应柱；O_3 发生器（3S-A10 型，北京同林高科技有限责任公司）的额定 O_3 发生量为 10 g/h，功率为 180 W。以空气作为气源，经过 O_3 发生器产生的 O_3 通过反应器底部陶瓷曝气头均匀曝气。

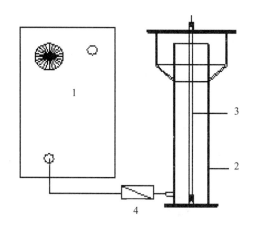

1—O_3 发生器；2—反应器；3—乙烯管；4—气体流量计

图 3-39　实验装置示意图

3.2.4.2　实验方法

实验所用原水取自某制药厂的黄连素生产工艺中的洗涤水，其 pH 为 0.9 左右，黄连素质量浓度为 700 mg/L 左右，COD 质量浓度为 3 500 mg/L 左右，BOD_5 为 200 mg/L 左右，BOD_5/COD 为 0.06。废水的可生化性极差，直接排入污水处理系统会极大地影响正常的生化处理。

实验中水样的 pH 均用 0.1 mol/L 的 NaOH 和 H_2SO_4 溶液调节。O_3 质量浓度采用碘量法测定[59]。黄连素质量浓度的测定采用紫外分光光度法（紫外分光光度计，UV-6100 型，上海元析仪器有限公司），标准溶液采用黄连素纯品配制，标准曲线于黄连素特征吸收波

长 340 nm 下绘制,水样经稀释后于 340 nm 测定吸光度计算质量浓度。COD(CR3200 COD
消解器,WTW German 公司)和 BOD_5 采用标准方法测定[60]。

3.2.4.3　O_3 氧化过程中 UV-vis 变化曲线

图 3-40 为 pH 为 0.88,臭氧投加量为 14.05 mg/(L·min)时,反应 60 min,O_3 氧化
过程中黄连素废水在 200～600 nm 的紫外可见扫描谱图随处理时间的变化。可以看出,
黄连素共有四个特征吸收峰,分别为 228 nm、262 nm、340 nm 和 422 nm。随着反应时
间的进行,黄连素出水的四个特征吸收峰都有明显降低,说明黄连素在 O_3 氧化作用下结
构被破坏,转化为一些小分子化合物,甚至被矿化成 CO_2[61]。

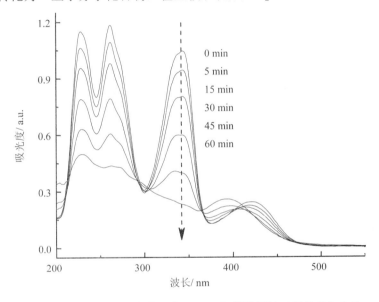

图 3-40　O_3 氧化过程中黄连素 UV-vis 扫描谱图随时间的变化曲线

3.2.4.4　O_3 氧化工艺影响因素的研究

(1)初始 pH 的影响

保持废水其他参数不变,调节废水的 pH 分别为 0.88、3.0、5.0、7.0、9.0 和 11.0,
向反应器中均匀通入质量浓度为 14.05 mg/(L·min)的 O_3,反应时间为 180 min,研究了不
同初始 pH 对废水中的黄连素和 COD 处理效果的影响,如图 3-41 和图 3-42 所示。

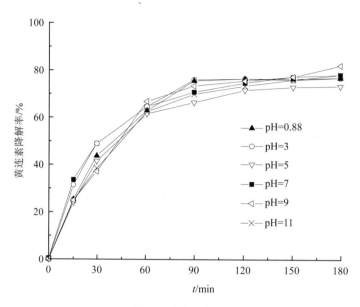

图 3-41　初始 pH 对黄连素降解效果的影响

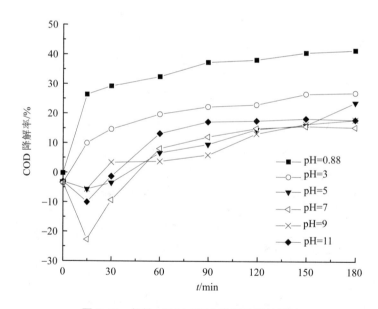

图 3-42　初始 pH 对 COD 降解效果的影响

　　由图 3-41 可见，初始 pH 对黄连素的去除效果影响不大，随着反应时间的增加，黄连素的降解率平稳上升。在不同初始 pH 条件下，出水的黄连素降解率均能达到 70% 以上。因此，O_3 氧化技术降解废水中的黄连素，对 pH 要求较低，考虑到工程实际和经济成本，可以不用调节废水 pH。这也说明 O_3 能够比较容易地将废水中的黄连素氧化分解。

由图 3-42 可见，初始 pH 对 COD 的去除效果影响较大。对于不同 pH 条件下的废水，随着反应时间的增加，废水的 COD 去除率上升较慢，在 90 min 左右达到平衡。在酸性条件下，COD 去除率较好，在 pH 为 0.88 时，降解率可达 41.28%，而在碱性条件下，降解率仅在 20% 左右。当 pH＞5.0 时，随着 pH 升高，COD 先升后降，原因之一可能是由于在调节 pH 的过程中，产生了一些泥浆状沉淀，导致 COD 有所上升，随着反应的进行，O_3 将有机物质降解，COD 才转而呈下降趋势；原因之二可能是当 pH＜5.0 时，O_3 与有机物进行直接氧化反应，使有机物降解；而当 pH＞5.0 时，随着 pH 升高，O_3 自分解速度逐渐加快，O_3 对有机物氧化中起关键作用的·OH 增加，从而使有机物降解[62,63]。

实验结束后，废水的 pH 均低于 3.5。可能是在 O_3 氧化过程中黄连素被分解，产生了一些小分子有机酸和无机酸等物质，从而使废水的 pH 降低。

（2）O_3 投加量的影响

向反应器内 pH 为 0.88 的原水中均匀通入不同质量浓度的 O_3［14.05 mg/（L·min）、11.26 mg/（L·min）、6.91 mg/（L·min）和 3.92 mg/（L·min）］，反应时间为 180 min，黄连素和 COD 降解效果的影响如图 3-43 和图 3-44 所示。

由图可见，随着 O_3 投加量的增加，废水中的黄连素和 COD 降解率均明显增加。当 O_3 质量浓度为 14.05 mg/（L·min）时，反应时间 180 min，黄连素和 COD 的降解率分别为 41.28% 和 77.46%。因此，增加 O_3 投加量可显著提高黄连素制药废水的处理效果。但实际应用中应合理控制 O_3 投加量，以取得经济效益和处理效果的最佳点。

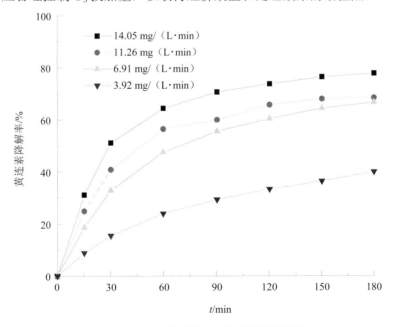

图 3-43　O_3 流量对黄连素降解效果的影响

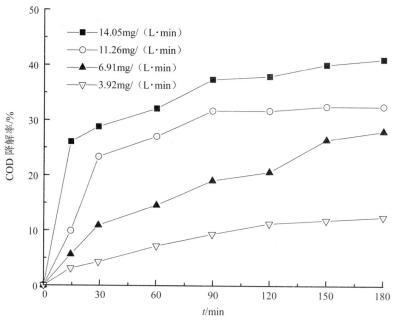

图 3-44 O₃ 流量对 COD 降解效果的影响

（3）黄连素初始浓度的影响

取 pH 为 0.88 的原水，向反应器内均匀通入质量浓度为 14.05 mg/（L·min）的 O₃，反应时间为 180 min，用去离子水配制初始质量浓度分别为 100 mg/L、500 mg/L、700 mg/L 的黄连素废水，在此条件下分别测定不同时间段出水中的黄连素质量浓度和 COD 降解率，结果如图 3-45 和图 3-46 所示。

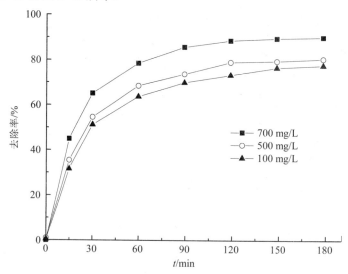

图 3-45 初始质量浓度对黄连素降解效果的影响

由图 3-45 可见，黄连素降解率随黄连素初始质量浓度的升高而逐渐降低。低质量浓度时，黄连素的降解效果较好，初始质量浓度为 100 mg/L 时，降解率可达 90.11%；高质量浓度时，反应的整个过程中，黄连素的降解一直在平稳上升，初始质量浓度为 700 mg/L 时，降解率为 77.46%。因此，低质量浓度的黄连素废水比高质量浓度的黄连素废水更容易降解。但相对于绝对去除量而言，黄连素初始质量浓度高则绝对去除量大。

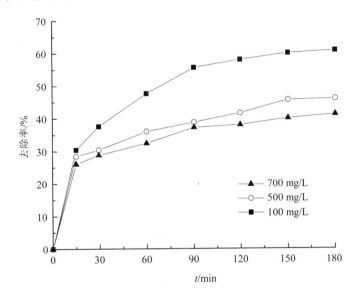

图 3-46 初始质量浓度对 COD 降解效果的影响

由图 3-46 所示，随着废水黄连素初始质量浓度的升高，COD 降解率逐渐下降。初始质量浓度为 100 mg/L，反应 180 min 后，COD 去除率可达到 61.24%，当黄连素质量浓度为 700 mg/L，反应 180 min 后，COD 降解率仅为 41.28%。因此，对于质量浓度较高的黄连素废水，直接使用 O_3 氧化方法进行处理的效果不佳，建议与其他方法联合使用。

3.2.4.5 BOD_5 和 BOD_5/COD 的变化

取 pH 为 0.88 的原水，采用 O_3 氧化方法对其进行预处理，研究其 BOD_5 和 BOD_5/COD 的变化，如图 3-47 所示。由图可见，在 O_3 质量浓度为 14.05mg/（L·min），反应 180 min 后，BOD_5 从 221 mg/L 升高到了 737 mg/L，BOD_5/COD 从 0.06 提高到 0.34，较原水增加了 5.7 倍，大大增加了废水的可生化性。因此，O_3 高级氧化技术是一种对黄连素废水行之有效的预处理技术。

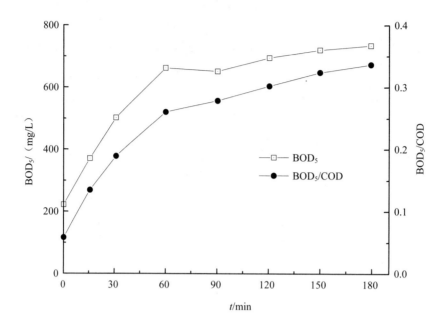

图 3-47　黄连素废水 BOD$_5$ 和 BOD$_5$/COD 的处理效果

3.2.4.6　小结

（1）采用 O$_3$ 氧化技术处理黄连素制药废水，可在不调节原水 pH 的条件下取得较好的预处理效果。

（2）对于黄连素质量浓度为 700 mg/L 左右、COD 质量浓度为 3 500 mg/L、初始 pH 为 0.88 的黄连素成品母液废水，采用 O$_3$ 氧化技术进行化学氧化，进气 O$_3$ 质量浓度为 14.05 mg/（L·min），反应时间为 180 min 后，黄连素和 COD 的降解率分别可达 77.46% 和 41.28%。

（3）随着废水中黄连素质量浓度的升高，O$_3$ 氧化技术对废水中 COD 的降解率逐渐下降，因而对于高质量浓度黄连素废水的处理，建议与其他废水处理技术相结合使用。

（4）对于抑菌性强的黄连素制药废水，O$_3$ 氧化技术可大大提高废水的可生化性，有利于后续生物处理的顺利进行，是一种有效的预处理技术。

3.2.5　湿式氧化处理磷霉素制药废水研究

3.2.5.1　湿式氧化反应装置

试验采用 GSH-1 型永磁旋转搅拌高压反应釜（大连通达反应釜厂），如图 3-48 所示，釜体采用 316 L 不锈钢制成，设计温度为 350℃，设计压力为 22.0 MPa，有效容积为 2.0 L。反应釜设有气相和液相 2 个取样口，并配有永磁搅拌装置及内冷却盘管。

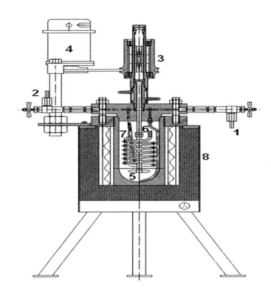

1—液相取样口；2—气相取样口；3—变速器；4—搅拌电动机；5—搅拌桨；

6—反应腔；7—冷却水盘管；8—反应釜体外壳

图 3-48　GSH-1 型高压反应釜结构图

取 800 mL 磷霉素制药废水装入反应器中，密闭后充入氮气保护，将废水预热至设定温度，开启搅拌，采用高压氧气钢瓶通入指定分压的氧气（基准温度 25℃）并记为零时刻，每隔一定反应时间通过液相取样口取水样分析，测定 COD、TP、PO_4^{3-}-P 变化。试验过程中维持搅拌转速 200 r/min。

试验所用磷霉素制药废水主要水质指标见表 3-9。

表 3-9　磷霉素制药废水水质

水质指标	pH	COD	TP	PO_4^{3-}-P	TOP
质量浓度/（mg/L）	11.19	72 750	9 500	1 275	8 225

3.2.5.2 湿式氧化反应

（1）反应温度的影响

根据阿伦尼乌兹公式，反应温度直接影响反应物的活化能，从而直接决定湿式氧化反应的反应速率[63]。在初始氧分压为 1.0 MPa 条件下，分别考察反应温度为 125℃、150℃、175℃、200℃、225℃、250℃时的污染物去除效果。

从温度对 TOP 去除的影响来看（图 3-49），随着反应温度的升高，TOP 的转化反应速率逐渐增加，反应温度为 200℃及其以上时，反应时间为 180 min 的条件下，TOP 的最终转化率相差不大，均在 99%以上；废水中剩余 TOP 在 100 mg/L 以下，可以实现废水中 TOP 的有效转化。反应温度在 200℃以下时，反应体系中 TOP 的最终转化明显受影响，在反应温度为 175℃时，反应时间 180 min 内 TOP 的最终转化率仅为 80%左右。

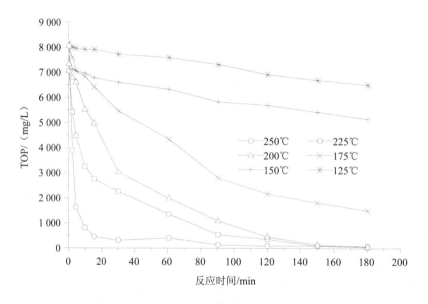

图 3-49 不同反应温度条件下 TOP 的去除量

虽然提高反应温度可以明显缩短反应时间，但是同时反应温度的升高会显著增加对设备材料和防腐的要求，因此，相比较而言，反应温度采用 200℃为宜。湿式氧化条件下，有机物的去除一般分两步进行[64]：第一步，有机物大分子破碎生成以有机酸（甲酸、乙酸、丙酸）为主的小分子有机物；第二步，小分子有机酸进一步被氧化分解为 CO_2。其中，有机酸的氧化步骤为 COD 降解的限速步骤。从不同反应温度下 COD 的去除情况来看（图 3-50），反应温度为 125～200℃时，随着反应温度的增加，COD 的去除速率和最终去除率均逐渐增加，此时 COD 的去除主要停留在第一步，有机磷化合物中 C—P 键的断裂生成小分子羧酸和无机磷酸根，结合图 3-41 可以看出，反应温度为 125~200℃时，TOP 的转化率随着反应温度的升高而增加，这与 COD 的去除相对应。而反应温度为 200~225℃条件下，已可以实现 TOP 的几乎完全转化，但同时，此时的反应温度还不足以使生成的小分子羧酸进一步转化为 CO_2，因此该温度区间内 COD 的去除率变化不大。而反应温度为 250℃条件下，COD 的去除率明显提高，可以推断，是小分子有机酸开始发生明显的氧化分解引起的。WAO 对 COD 的去除是有机物氧化和热解过程的综合结果，热解过程中会产生诸如 H_2、CO、VOCs 等，这些物质的产生并从液相中溢出，使得反应温度在 200℃以上时，COD 的去除率均高于氧气的投加量（0.5 倍 COD）。在本反应条件下，反应温度 200℃即可满足 TOP 转化的要求，但要进一步实现废水中有机物的去除，反应温度需在 250℃以上。

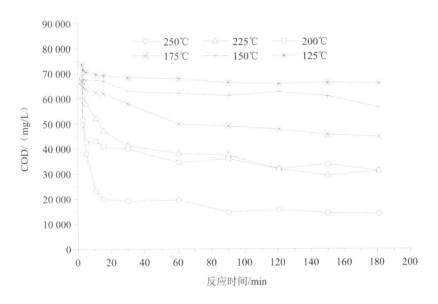

图 3-50　不同反应温度条件下 COD 的去除量

（2）氧分压的影响

氧分压的大小决定了反应体系液相中溶解氧的浓度，因此增大氧分压可以增加 WAO 反应速率。此外，分子氧作为氧化剂的条件下，氧分压大小也直接决定了体系氧化剂的投加量。在反应温度为 200℃条件下，分别考察氧分压为 1.0 MPa、3.0 MPa、4.0 MPa 和 6.0 MPa，对应氧化剂投加量分别为废水中 COD 0.5 倍、1.5 倍、2 倍和 3 倍条件下，废水中 COD 和有机磷的去除情况。

从不同氧分压条件下 TOP 的转化情况（图 3-51）可以看出，在反应体系中氧分压为 1.0～4.0 MPa 时，氧分压的增加对 TOP 转化过程的影响不明显，而反应体系中氧分压为 6.0 MPa 条件下，氧分压的增加可明显提高 TOP 的初始转化速率，反应时间 60 min 即可实现废水中 TOP 的去除率 99%以上，剩余 TOP 小于 50 mg/L。但氧分压的增加对有机磷的最终转化率影响不大。反应体系氧分压为 1.0 MPa 条件下，即可满足本工艺对废水中 TOP 去除的要求。

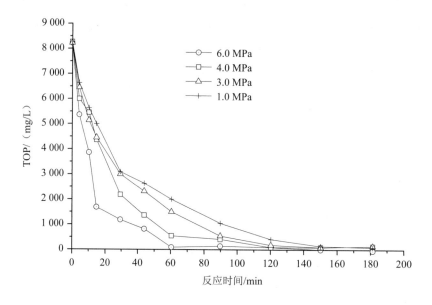

图 3-51　不同氧分压条件下 TOP 的去除量

氧分压直接决定了氧化剂的投加量，因此直接影响反应体系中 COD 的去除。从图 3-52 中可以看出，随着反应体系氧分压从 1.0 MPa 增加至 4.0 MPa，对应氧化剂投加量分别为 COD 的 0.5～2.0 倍，反应体系 COD 的最终去除率从 57%增加至 67%，氧分压的增加造成系统总压的相应增加，使一部分低压条件下不可氧化分解的有机物进一步分解，从而提高了 COD 的去除率。此外，氧化剂投加量的增加也对 COD 去除率的增加有一定贡献。反应体系氧分压从 4.0 MPa 增加至 6.0 MPa，对应氧化剂投加量分别为 2.0～3.0 倍条件下，COD 的去除过程和最终去除率均无明显变化（仅从 67%增加到 69%）。反应温度为 200℃条件下，氧分压为 4.0 MPa，对应氧化剂投加量为 COD 的 2.0 倍时继续增加氧分压已无实际意义。因此，对于 COD 的去除，最佳的氧分压条件为 4.0 MPa。

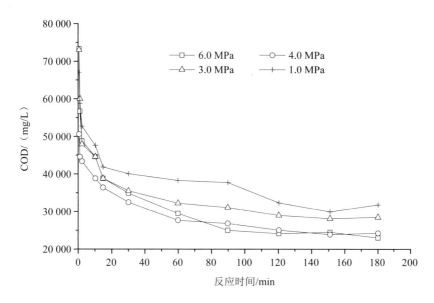

图 3-52　不同氧分压条件下 COD 的去除量

（3）pH 的影响

目前，普遍认为的 WAO 的反应机制为自由基反应，pH 的高低直接决定了氧化剂的氧化还原电位，且体系中自由基的产生和自由基反应的类型，直接受体系 pH 的影响。在体系反应温度为 200℃、氧分压为 1.0 MPa 条件下，考察废水初始 pH 分别为 11.2、9.0 和 7.0 条件时，反应体系中 TOP 和有机物的去除情况。

图 3-53 为不同初始 pH 条件下，WAO 过程中溶液 pH 的变化。湿式氧化条件下，大分子有机物的分解产物主要为小分子羧酸类物质。酸类物质的产生导致反应过程中溶液 pH 下降。在初始 pH 分别为 11.2 和 9.0 条件下，反应体系 pH 在 15.0 min 内迅速下降至 7.95 和 7.38，并最终稳定在 6.82 和 6.54。在初始 pH 为 7.0 条件下，整个反应过程中反应体系 pH 均呈现平缓下降趋势，并最终稳定在 5.82。

总体来看，废水初始 pH 对 TOP 的转化过程和 TOP 的最终转化率影响不大（图 3-54），但随着废水初始 pH 的升高，反应体系中 TOP 的转化效率略有增加。对于 COD 的去除，从图 3-55 可见，初始 pH 为 11.2 条件下反应体系中 COD 的去除明显优于初始 pH 为 7.0 和 9.0 的条件。一般来讲，高 pH 会在一定程度上降低氧化剂的氧化还原电位，从而影响 COD 的去除。但也有研究发现，对于有些特定的物质如磺酸类、酚类等，高 pH 有利于其 WAO 处理[65]。磷霉素废水组成极其复杂，本研究中高 pH 对 COD 的去除有利，可能与废水中存在类似污染物有关。

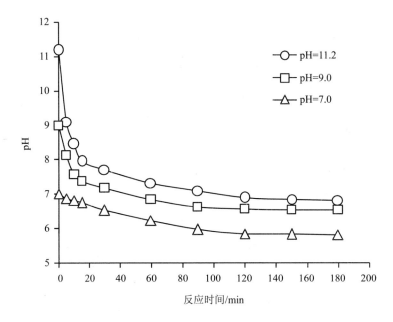

图 3-53 不同初始 pH 条件下 WAO 过程中溶液 pH 的变化

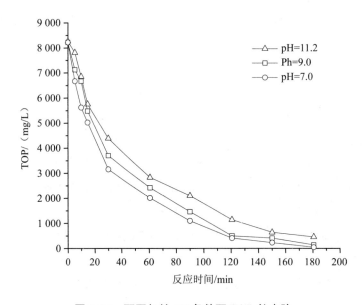

图 3-54 不同初始 pH 条件下 TOP 的去除

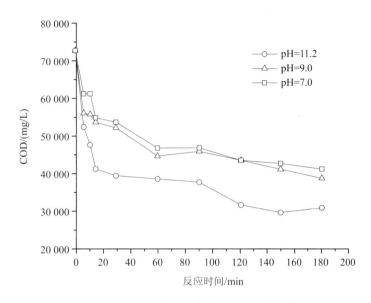

图 3-55　不同初始 pH 条件下 COD 的去除

　　综上所述，本书所考察的 WAO 三个影响因素是反应温度、氧分压和废水初始 pH，其中反应温度对磷霉素废水 WAO 过程中 COD 和 TOP 的去除影响最大。反应温度决定了有机磷化合物的表观活化能，因此直接影响 TOP 转化的反应速率，通过提高反应温度可以实现废水中 TOP 近乎全部的分解；而对 COD 的去除，由于磷霉素废水组成复杂，且 WAO 常无法实现废水中有机物的完全矿化，一些小分子化合物（如小分子有机酸等）对 WAO 过程具有耐久性，对于这些小分子中间产物，只有当反应温度达到 230℃甚至 300℃以上时才能达到明显的处理效果，因此本研究中 WAO 对 COD 的去除并不理想，而 WAO 作为废水预处理手段，追求高的 COD 去除率是没有必要且不经济的，而应侧重于目标难降解污染物的降解。氧分压主要影响 TOP 的初始转化速率和 COD 的最终转化率，氧分压的增加可以提高液相溶解氧浓度并有利于高氧化能力自由基的形成，从而影响 TOP 的初始转化速率；同时，氧分压的增加增大了氧化剂的投加量，因此增加了 COD 的最终转化率。pH 对 WAO 过程的影响较复杂，一般条件下，低 pH 可以增大氧化剂的氧化还原电位，因此可以提高 WAO 处理效率；但对于呈现较强 Levis 碱性的有机物，高 pH 有利于其碱性基团的脱除和氧化，磷霉素废水中高浓度有机磷等碱性化合物的存在，使得本试验中 WAO 在较高的废水初始 pH 条件下，具有较高的 TOP 转化和 COD 去除效率。

3.2.5.3 湿式氧化动力学研究

（1）反应温度

①TOP 去除

反应温度直接决定了湿式氧化反应的反应速率。图 3-56 为氧分压为 1.0 MPa 条件下，不同反应温度 WAO 过程中 TOP 去除的分段一级动力学拟合曲线。从图中可以看出，除反应温度为 498 K 条件下，拟合度略低之外，其余各温度条件下，分段一级动力学均可以较好地描述 TOP 的去除过程。随着反应温度从 398 K 升高至 423 K，TOP 的表观反应速率常数分别从快、慢反应阶段均为 0.001 4 min^{-1}（398 K）增大快反应阶段的 0.216 min^{-1} 和慢反应阶段的 0.023 min^{-1}（423 K），较高的反应温度有利于 TOP 的去除。此外，在高温条件下，TOP 氧化的快反应阶段的表观反应速率明显高于慢反应阶段，表明快反应阶段生成了更难于 WAO 氧化中间体。

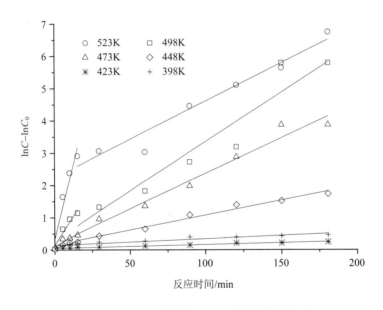

图 3-56 不同温度条件下 TOP 转化的分段一级

根据 Arrhenius 公式，将各反应温度条件下的 TOP 转化速率常数对反应温度作图，结果如图 3-57 所示。不同反应温度下 TOP 转化速率常数变化较好地符合 Arrhenius 公式，且从图中可以看出，快反应阶段温度对 TOP 转化速率常数的影响更为明显，表明快反应阶段 TOP 转化具有更高的温度依赖性。根据拟合结果结合式（3-10），可以求得快反应、慢反应阶段 TOP 转化的表观活化能分别为：Ea_{fast}=68.6 kJ/mol 和 Ea_{slow}=44.7 kJ/mol，快反应、慢反应阶段 TOP 转化的指前因子分别为 $A_{fast}=1.2 \times 10^6$ min^{-1} 和 $A_{slow}=1\,203$ min^{-1}。从而在氧分压条件为 1.0 MPa 条件下，WAO 对磷霉素废水中 TOP 过程的去除可以表示为反应温度和反应时间的常数：

$$C_{t,\text{TOP}} = C_{0,\text{TOP}} \exp\left[-1.2 \times 10^6 \exp\left(\frac{-68.6 \times 10^3}{8.31 \times T} \right) t \right] \quad t < 30\ \text{min} \qquad (3\text{-}10)$$

$$C_{t,\text{TOP}} = C_{0,\text{TOP}} \exp\left[-1.2 \times 10^6 \exp\left(\frac{-68.6 \times 10^3}{8.31 \times T} \right) \times 30 \right] \times$$
$$\exp\left[-1\,203 \times \exp\left(\frac{-44.7 \times 10^3}{8.31 \times T} \right) (t-30) \right] \qquad t > 30\,\text{min} \quad (3\text{-}11)$$

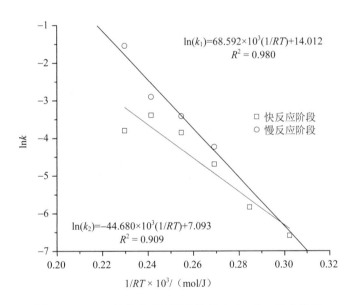

图 3-57　TOP 转化表观速率常数的 Arrhenius 拟合结果

根据式（3-11），在氧分压为 1.0 MPa 条件下，为实现反应时间 180 min 内，磷霉素废水中 TOP 转化率在 99% 以上，最低反应温度为 489 K。

②COD 去除

图 3-58 为不同反应温度下，磷霉素废水 WAO 处理过程中 COD 去除的分段一级反应动力学拟合结果。从图中可以看出，在温度范围 398～423 K 条件下，分段一级反应动力学可以较好地表征 COD 的去除过程。随着反应温度从 398 K 升高至 423 K，COD 去除快慢反应阶段的表观动力学常数分别从 0.004 4 min^{-1} 和 0.000 38 min^{-1} 增大至 0.099 min^{-1}

和 0.024 min^{-1}。同样可知，快反应阶段内 COD 的去除较慢反应阶段具有更高温度依赖性。

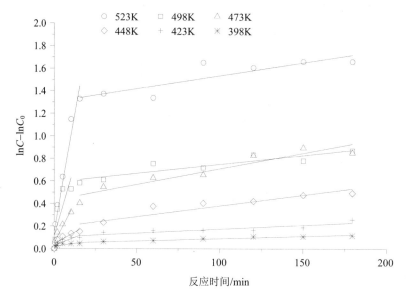

图 3-58 不同温度条件下 TOP 转化的分段一级动力学

为计算 COD 去除的表观活化能，将不同反应时间条件下的 COD 去除表观动力学速率常数对反应温度作图，结果见图 3-59。从图中可以看出 Arrhenius 公式可以较好地反映温度对 COD 去除的影响。WAO 处理磷霉素废水过程中 COD 去除的快反应和慢反应阶段的表观活化能分别为：Ea_{fast}=41.0 kJ/mol 和 Ea_{slow}=24.5 kJ/mol，指前因子分别为：A_{fast}=972 min^{-1} 和 A_{slow}=0.8 min^{-1}。因此，磷霉素废水 WAO 处理过程中的 COD 去除可以表示为

$$C_{t,COD} = C_{0,COD} \exp\left[-972 \times 10^6 \exp\left(\frac{-41.0 \times 10^3}{8.31 \times T}\right)t\right] \quad t < 30 \text{ min} \quad (3\text{-}12)$$

$$C_{t,COD} = C_{0,COD} \exp\left[-972 \times \exp\left(\frac{-41.0 \times 10^3}{8.31 \times T}\right) \times 30\right] \times$$
$$\exp\left[-0.8 \times \exp\left(\frac{-24.5 \times 10^3}{8.31 \times T}\right)(t-30)\right] \quad t > 30 \text{min} \quad (3\text{-}13)$$

根据式（3-13），在氧分压为 1.0 MPa 条件下，为实现反应时间 180 min 内磷霉素废水中 COD 转化率在 99% 以上，最低反应温度为 565 K。

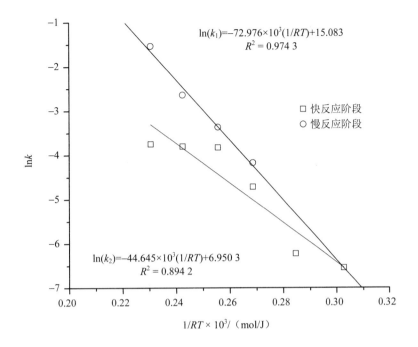

图 3-59 COD 转化表观速率常数的 Arrhenius 拟合结果

（2）氧分压

氧分压直接决定了 WAO 过程中氧化剂的用量。此外，WAO 过程中氧气的投加可以保证足够的系统总压来维持反应体系的液相反应，并可增加氧化剂的液相溶解度[66]。因此，较高的氧分压可以增加 WAO 反应速率，同时减少反应过程中液相挥发造成的热能损失[67]。

①TOP 去除

在反应温度为 473 K 条件下，考察氧分压分别为 1.0 MPa、3.0 MPa、4.0 MPa 和 6.0 MPa 时，WAO 对磷霉素废水的处理效果。图 3-60 为采用分段一级反应动力学对不同氧分压条件下 TOP 转化过程的拟合结果。从图中可以看出，随着氧分压从 1.0 MPa 增大至 6.0 MPa，TOP 转化的快反应阶段表观反应速率常数从 0.033 min^{-1} 增大至 0.059 min^{-1}。而慢反应阶段的 TOP 表观反应速率常数则从 0.022 min^{-1} 下降至 0.009 min^{-1}。

图 3-61 为不同氧分压条件下，TOP 转化对温度变化的分段一级动力学拟合曲线。快反应阶段，TOP 转化的表观反应速率常数与氧分压之间呈现显著的正相关关系。而对于慢反应阶段，TOP 转化的表观反应速率常数与氧分压呈现显著的负相关关系。这可能是因为，在较高氧分压条件下，快反应阶段 TOP 转化的表观速率常数明显高于低氧分压条件，从而使高氧分压条件下，比低氧分压条件下产生了更多的难降解中间体，从而使在高氧分压条件下，慢反应阶段 TOP 的转化低于低氧分压条件。

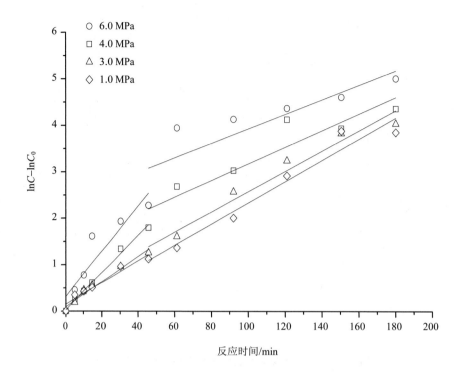

图 3-60　不同氧分压条件下 TOP 转化的分段一级动力学

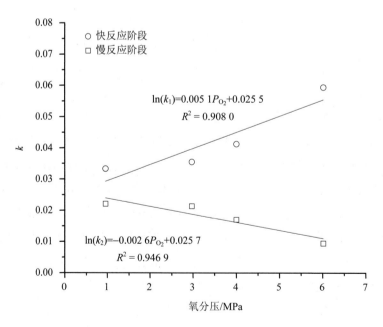

图 3-61　氧分压对 TOP 转化表观速率常数的影响

②COD 去除

图 3-62 为采用分段一级动力学模型对不同氧分压条件下的 COD 去除的拟合结果。随着氧分压从 1.0 MPa 增大至 6.0 MPa，快反应阶段 COD 去除的表观速率常数从 $0.022\ min^{-1}$ 增大至 $0.049\ min^{-1}$。同时，慢反应阶段的 COD 去除的表观速率常数从 $0.001\ 7\ min^{-1}$ 增大至 $0.003\ 2\ min^{-1}$。

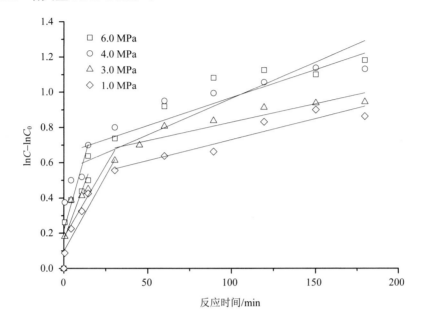

图 3-62　不同氧分压条件下 TOP 转化的分段一级动力学

而不同氧分压条件对 COD 去除表观速率常数的影响见图 3-63。可以看出，随着氧分压的增加，COD 去除的表观速率常数明显增加，增加氧分压可以增大液相中的饱和溶解氧值[67]，从而产生更大的气相、液相氧浓度梯度，有利于分子氧从气相到液相反应体系的传质。同时研究显示，液相溶解氧浓度的增加有助于 WAO 过程中具有更高氧化能力的自由基的形成[68]。因此，较高的氧分压可以加速有机物的降解过程，从而实现更高的 COD 去除率。同时，从图 3-63 还可以看出，慢反应阶段 COD 去除的表观速率常数受氧分压的影响明显较小，说明慢反应阶段对氧分压的变化具有较低的依赖性，同时也说明，对于快反应阶段形成的中间产物的氧化（如小分子有机酸等），即使在增大氧分压条件下也不能得到明显的提高。

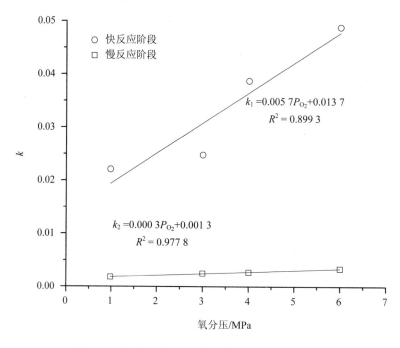

图 3-63 氧分压对 TOP 转化表观速率常数的影响

3.2.5.4 小结

（1）采用湿式氧化工艺处理磷霉素制药废水，废水 COD 质量浓度为 72 750 mg/L，TOP 为 8 225 mg/L。在反应温度 200℃、氧分压 1.0 MPa、废水初始 pH 为 11.0 的条件下，湿式氧化工艺可以实现磷霉素废水中 TOP 去除率为 99%，COD 去除率为 54%。高反应温度、高氧分压以及高废水初始 pH 对 TOP 和 COD 的去除有利。

（2）分别采用 CP 沉淀法和 MAP 结晶法对湿式氧化后磷霉素废水进行磷酸盐固定化回收，在 Ca^{2+}∶PO_4^{3-} 摩尔比为 2∶1 和 Mg^{2+}∶NH_4^+∶PO_4^{3-} 摩尔比为 1.1∶1∶1 的条件下，CP 沉淀和 MAP 结晶法均可实现废水中磷酸盐固定化回收率 99.9% 以上，处理后废水残留 PO_4^{3-}-P 低于 5.0 mg/L。

（3）采用 WAO 处理高浓度磷霉素，WAO 过程中 TOP 和 COD 的去除符合分段一级反应动力学模型。随着反应温度和氧分压的增加，TOP 和 COD 去除的表观反应动力学常数增大。

（4）慢反应阶段 TOP 和 COD 的去除比快反应阶段具有较低的反应温度和氧分压依赖性。

（5）在氧分压为 1.0 MPa 条件下，TOP 转化的表观活化能为快反应阶段

Ea_{fast}=68.6 kJ/mol，慢反应阶段 Ea_{slow}=44.7 kJ/mol；COD 去除的表观活化能为快反应阶段 Ea_{fast}=41.0 kJ/mol，慢反应阶段 Ea_{slow}=24.5 kJ/mol。

3.3　其他物化处理新技术

3.3.1　其他物化处理技术介绍

3.3.1.1　电化学处理技术

电化学处理过程按大类可以分为电化学直接氧化过程和间接氧化过程。电化学直接氧化过程是指污染物在电极上直接被氧化或还原而使其从废水中去除。阳极过程指污染物在阳极表面氧化而转化成毒性较低的物质或生物易降解物质，甚至发生无机化，从而达到削减污染的目的。电化学的间接氧化则是通过阳极反应产生具有强氧化作用的中间物质（如活性氯、H_2O_2 等）或发生阳极反应之外的中间反应，使被处理污染物氧化，最终转化为无害物质。

3.3.1.2　铁碳微电解技术

铁碳微电解法又称内电解法、铁屑过滤法、零价铁还原法等，是一种无须外加电源的废水处理方法。微电解工艺是基于金属材料（铁、铝等）的电化学腐蚀原理，将两种具有不同电极电位的金属或金属与非金属直接接触在一起，浸泡在传导性的电解质溶液中，废水中会形成无数个微原电池，分解废水中的污染物，同时电化学腐蚀又会引发一系列协同作用，如絮凝、吸附、架桥、卷扫、共沉、电沉积等多种作用，具体来说，在微电解反应体系中，主要包括如下作用：

（1）原电池作用：电化学作用是内电解法处理废水最主要的机理，同时也是其他机理的基础。采用碳和铁屑作为反应电极，当铁屑与废水接触时，炭的电位高，为阴极，而铁的电位低为阳极，形成原电池。

（2）絮凝沉淀作用：在微电解反应过程中，会产生大量的 Fe^{2+}，是较为优良的絮凝剂，调节微电解反应后废水的 pH，会生成 $Fe(OH)_2$，再搅拌及曝气等条件下，进一步氧化成 $Fe(OH)_3$。生成的 $Fe(OH)_3$ 是胶体絮凝剂，也会水解成 $Fe(OH)^{2+}$、$Fe(OH)^{3+}$ 等离子，也具有较强的絮凝功能，吸附和网捕废水中的悬浮物而沉降到水底，使废水得以净化。

（3）吸附作用：微电解过程需要加入活性炭或废炭、焦炭等作为反应电极的物质，活性炭等对废水中的污染物具有较强的吸附功能。

（4）电泳作用：在微原电池周围电场的作用下，废水中以胶体状态存在的污染物可在很短的时间内完电泳沉积作用，即带电的胶粒向带有相反电荷的电极移动，在静电引力和表面能的作用下，附集并沉积在电极上以去除废水的难降解有机物。

（5）气浮作用：在酸性或偏酸性溶液中，产生的 H_2 使废水溶液中有大量微小气泡生成，一方面使废水中悬浮物粘在小气泡上并上浮到水面，另一方面也起到搅拌、振荡的作用，减弱浓差极化，加快电极反应的进行。

3.3.2 制药废水的电化学处理技术研究

3.3.2.1 实验装置

实验装置由直流电源、电极、磁力搅拌器及反应器主体等组成，如图 3-64 所示。反应器容积为 500 mL；阴阳两极的面积均为 10 cm×6 cm；其中阳极采用 RuO_2/Ti 网状电极，阴极为金属 Ti 网；工作电流由 AMRFL model：LPS302A 35 V/10 A 直流稳压电源（北京大华电子有限公司）提供。溶液 pH 用 0.1 mol/L HCl 和 NaOH 调节，并由奥立龙 720A PLUS Benchtop 型 pH 计（Thermo Orion Co.USA）测定。

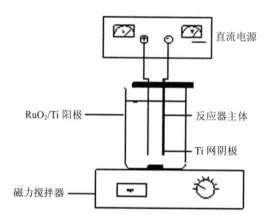

图 3-64　实验装置示意图

模拟黄连素废水质量浓度为 500 mg/L，由去离子水配制。取 500 mL 废水于反应器主体中，加入适量支持电解质并搅拌。分别改变电流强度、溶液初始 pH、电解质浓度及电极间距等参数进行实验，定时取样进行分析测试。黄连素浓度采用 UV-6100 紫外分光光度计（上海元析仪器有限公司）于 340 nm 处测定。COD（CR3200 COD 消解器，WTW German 公司）采用标准方法测定。

3.3.2.2　影响因素

（1）KCl 与 K₂SO₄ 两种体系中的比较

支持电解质的加入通常是为了增加废水的导电率，从而降低过程中的能耗并提高有机物的降解效率。另外，某些电解质离子也能作为电化学过程中氧化剂的来源。KCl 与 K₂SO₄ 是两种最常见的支持电解质。在废水 pH 为 8.0、电流强度为 3.0 A 条件下，比较研究了电化学方法在 0.1 mol/L KCl 或 K₂SO₄ 支持电解质体系中对黄连素废水的处理效果，其结果如图 3-65 所示。

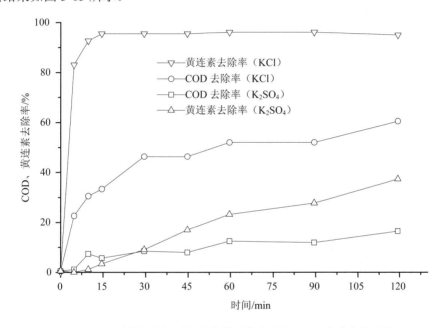

图 3-65　两种支持电解质中电化学对黄连素和 COD 去除率的比较

由图看出，在 KCl 体系中黄连素在 15 min 时的去除率高达 95%以上，同时 90 min 内的 COD 去除率也约为 60%；而在 K₂SO₄ 体系中，电化学氧化 120 min 内，黄连素及 COD 的去除率分别为 30%与 10%。由此可见，KCl 体系中黄连素及 COD 的去除效果明显高于 K₂SO₄ 体系。

在 Cl⁻ 离子体系中，Cl⁻ 在电化学作用下氧化生成的 Cl₂ 溶于水后生成活性氯（次氯酸及次氯酸根的统称）。这样，电化学氧化由单纯的电极表面反应转移到溶液本体中[70]。活性氯具有较高的氧化还原电位（表 3-10），因而电化学反应生成活性氯是黄连素降解的主要机制，如图 3-66 所示。

表 3-10　过程中氧化还原反应及其标准电极电位

氧化还原反应	电极电位 E^0/V
$2Cl^- \longrightarrow Cl_2 + 2e^-$	1.36
$Cl_2 + H_2O \longrightarrow HClO + Cl^- + H^+$	
$HClO \longrightarrow ClO^- + H^+$	
$4OH^- -4e^- \longrightarrow O_2 + H_2O$	1.23
$2H^+ + 2e^- \longrightarrow H_2$	0
$2HClO + H^+ + 2e^- \longrightarrow Cl_2 + H_2O$	1.63
$HClO + H^+ + 2e^- \longrightarrow Cl^- + H_2O$	1.72
$ClO^- + H_2O + 2e^- \longrightarrow Cl^- + 2OH^-$	0.89

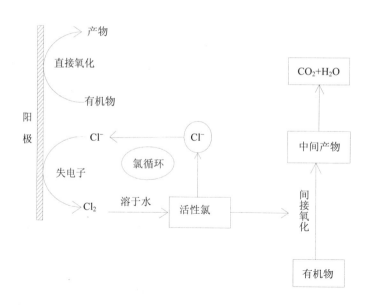

图 3-66　电化学处理黄连素模拟废水机理示意图

　　图 3-67 记录了 K_2SO_4 与 KCl 体系中黄连素废水在 200～600 nm 的 UV-vis 吸收光谱的变化曲线。同样可以看出，黄连素的四个特征吸收峰在 K_2SO_4 体系中逐渐缓慢降低，而在 KCl 体系中迅速完全消失，并在 290 nm 左右形成新的吸收峰，该吸收峰随着时间的推移而逐渐升高。有研究结果表明[70]：290 nm 处的吸收峰是活性氯的特征吸收峰，因而从另一个角度证实了过程中产生大量活性氯是黄连素降解的主要原因。

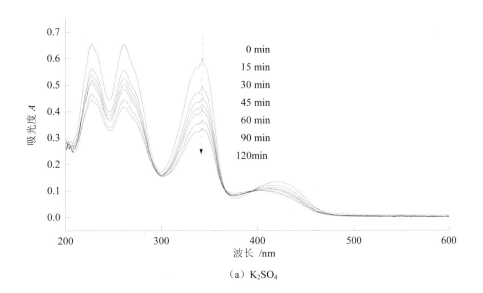

（a）K₂SO₄

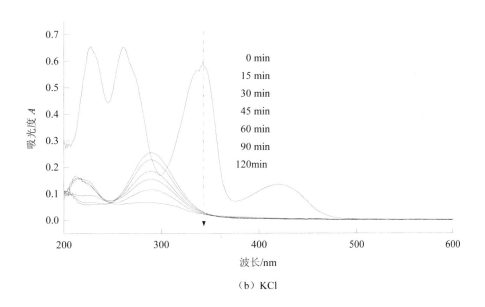

（b）KCl

图 3-67　K₂SO₄ 与 KCl 体系中紫外可见光谱随时间的变化

（2）电流强度的影响

电流强度是电化学过程中的一个非常重要的影响因素。一般来说，提高电流强度是加快电化学氧化过程的一种最直接的手段。调节黄连素质量浓度为 500 mg/L（pH 约为 8.0），极板间距 2 cm，加入 0.1 mol/L KCl 作为电解质，考察电流强度对黄连素和 COD 去除率的影响（图 3-68）。

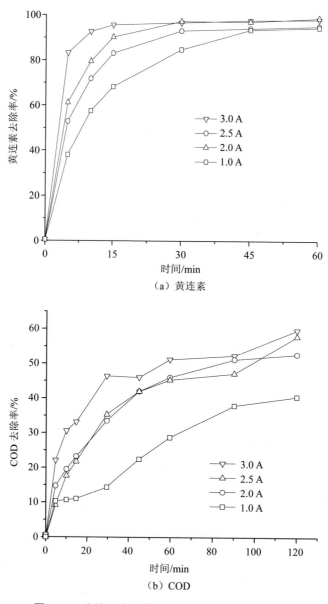

（a）黄连素

（b）COD

图 3-68　电流强度对黄连素与 COD 去除率的影响

可以看出，黄连素的质量浓度及 COD 的去除效果随着电流强度的增大而增大。当施加电流强度为 3.0 A 时，黄连素在 15 min 能降解约 95%且 COD 能在 90 min 内去除率约 60%，而当电流强度为 2.0 A 时，此时 COD 的去除率也可以达 50%以上。从节约能耗方面考虑，选定实验电流为 2.0 A。

（3）初始 pH 的影响

一般来说，活性氯在溶液中主要以次氯酸和次氯酸根这两种形式存在，而二者含量会受到介质 pH 的影响。在 pH 为 2.0～5.5 时，活性氯基本上以次氯酸的形式存在；在 pH 为 5.5～9.5 时，活性氯以次氯酸和次氯酸根两种形式并存，并且次氯酸根的含量将随着 pH 的升高而升高；当 pH 大于 9.5 后，活性氯则基本上完全以次氯酸根的形式存在[71]。

为了探讨溶液初始 pH 对电化学法处理黄连素废水的影响，调节初始 pH 分别为 3.26、5.21、7.02、9.04 及 11.02 进行实验，结果如图 3-69 所示。

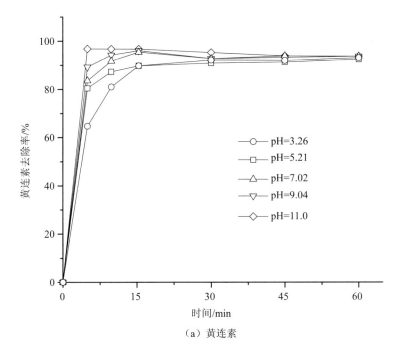

（a）黄连素

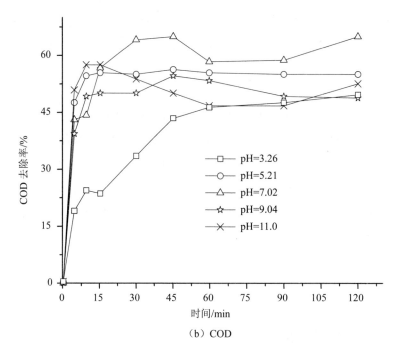

图 3-69　初始 pH 对黄连素与 COD 去除率的影响

可以看出，约 30 min 内，95%以上的黄连素在 pH 为 3～11 条件下均能被有效去除，废水 COD 的去除率也达到 50%左右。相对来说，COD 去除率在 pH 为 5～7 时具有较好的效果，去除率达 60%。这可能由于：一方面，在强酸条件下活性氯主要以 HClO 的形式存在，而 HClO 不稳定，易分解为 Cl_2 而逸出溶液本体，导致氧化剂的绝对数量下降，进而影响了 COD 的去除；另一方面，在强碱条件下活性氯主要以 ClO^- 的形态存在，ClO^- 在电场的作用易被吸附到阳极而氧化，生成较稳定的 $ClO_3^{-[72]}$。因此，控制溶液的 pH 在弱酸弱碱或中性的条件下有利于黄连素及 COD 去除效果的提高。

（4）氯离子浓度的影响

KCl 不仅作为支持电解质而导电，而且能提供氯源从而生成活性氯。对此，考察了 Cl^- 浓度对黄连素及废水 COD 去除效果的影响（图 3-70）。

可以看出，随着 Cl^- 浓度的增加，黄连素的去除速率逐渐增大。当 Cl^- 浓度为 0.15 mol/L 时，10 min 内黄连素几乎能被完全降解，而当 Cl^- 浓度为 0.02 mol/L 时，黄连素完全降解大约需 60 min。由此可见，提高 Cl^- 的浓度有利于提高黄连素的去除速率。当 Cl^- 的浓度大于 0.1 mol/L 时，COD 的去除效果并没有明显的提高，因此确定适宜的 Cl^- 浓度为 0.1 mol/L。

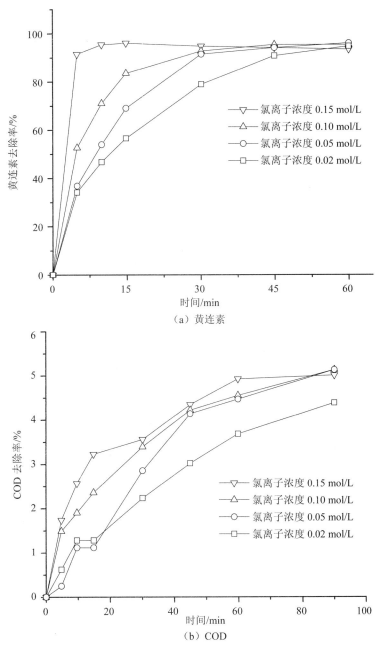

（a）黄连素

（b）COD

图 3-70　氯离子浓度对黄连素与 COD 去除率的影响

（5）极板间距的影响

调节电流强度为 2.0 A、初始 pH 为 8.0、黄连素质量浓度为 500 mg/L，考察电极间距对黄连素浓度及废水 COD 去除效果的影响，结果如图 3-71 所示。可以看出，电极间距为 1～3 cm 时对黄连素及 COD 的去除效果影响不大，在电极间距约 2 cm 时具有最佳的处理效果。这可能是由于本体系采用网状电极，且用磁力搅拌器搅拌，导致体系受电化学传质的影响相对较小。但通常来讲，较大的极板间距会导致电极间槽压变大，进而使得能耗变大，故本研究采用极板间距为 2 cm。

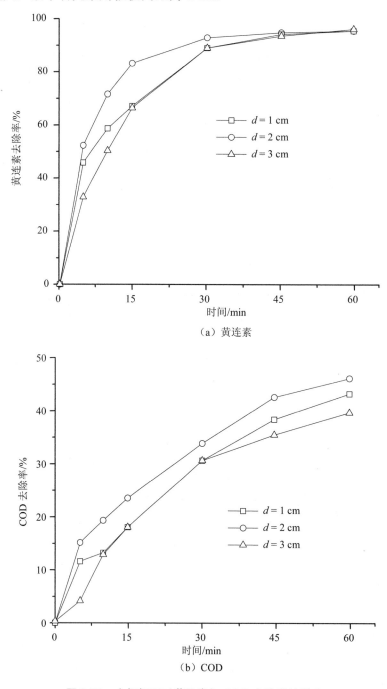

（a）黄连素

（b）COD

图 3-71　电极间距对黄连素与 COD 去除率的影响

3.3.2.3　能耗估算

综上所述,电化学氧化法是处理黄连素废水的一种高效方法。对此初步估算了在最优条件下(电流强度为 2.0 A,C_{Cl^-}=0.1 mol/L,初始 pH 为 7.0,电极间距为 2.0 cm)电化学处理黄连素废水的能耗。

$$W=(U \times I \times T \times 10^{-3})/V \tag{3-14}$$

式中,W——能耗,kW·h/m³;

$\quad\quad U$——槽电压,V;

$\quad\quad I$——加入恒电流,A;

$\quad\quad T$——电解时间,h;

$\quad\quad V$——废水体积,m³。

电化学处理 30 min 后,黄连素去除率达到95%以上,此时的能耗约为 8.57 kW·h/m³,但此时 COD 去除率较低;处理 90 min 后,COD 去除率达 60%以上,此时的能耗约为 25.72 kW·h/m³。电化学单独处理废水的能耗相对较高,故而必须与生化方法联用,使出水达标排放并降低成本。

3.3.2.4　小结

1)电化学氧化法在以 Cl⁻为支持电解质的体系中对模拟黄连素废水具有较好的处理效果,电化学反应生成活性氯是黄连素降解的主要机制。

2)电流强度与 Cl⁻浓度对电化学氧化法处理黄连素废水的效果具有重要的影响。电流强度越大,黄连素降解效果越佳;Cl⁻浓度高于 0.1 mol/L 时,电化学氧化法对黄连素废水具有较高的处理效果。电化学氧化法在 pH 为 3～11 时对废水均具有较好的处理效果,且在 pH 为 5～8 时,其效果最佳;电极间距在 1～3 cm 时,对废水的处理效果影响不大,极间距在 2 cm 时具有最佳的处理效果。

3)95%黄连素降解时的能耗约为 8.57 kW·h/m³;黄连素完全降解且 COD 去除率达 60%时的能耗约为 25.72 kW·h/m³。

3.3.3　铁碳微电解法处理含铜黄连素废水的研究

铁碳微电解技术是利用具有不同电极电位的铁和碳作为电极形成无数个微小原电池,发生电极反应,进而产生电化学效应而去除废水中的污染物。

本研究采用铁碳微电解法对含铜黄连素废水进行处理,主要考察反应时间、铁碳投加量、pH 等因素对处理效果的影响。该法集铁还原作用、炭吸附、Fe/C 微电池的电化学氧化还原、混凝沉淀等作用于一体，对含铜废水的处理效果良好。

3.3.3.1 材料与方法

采用序批式铁碳微电解反应器进行试验研究，试验装置主要由电动搅拌器及反应器主体等组成，如图 3-72 所示，其中搅拌器为 CJJ-1 精密电动搅拌器（江苏金坛荣华仪器制造有限公司），反应器有效容积为 1 L。

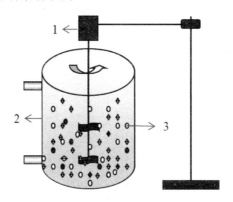

1—电动搅拌器；2—反应器主体；3—铁碳颗粒

图 3-72　试验装置示意图

取 1 L 含铜黄连素废水于反应器中，调节 pH，加入一定量的铁粉（天津博迪化工有限公司提供）和废炭（巩义市华龙滤料厂提供），通过搅拌使铁和碳处于流化状态。反应一定时间后，取样过滤后测定出水中 Cu^{2+}、黄连素和 COD 的浓度。

中试系统采用铁碳微电解-离子交换柱组合工艺，其中铁碳反应池有效容积为 2 m^3，离子交换柱有效容积为 1.0 m^3，系统设计水力停留时间为 3 h，采用间歇时运行方式，日处理水量为 8.0 t。在铁碳反应池中分别在各层板间加入活性炭和铸铁屑，分别加入 300 kg。在离子交换柱中加入了 2 t 铁碳填料。中试装置如图 3-73 所示。

图 3-73　黄连素含铜废水中试装置图

3.3.3.2 铁碳微电解处理效能的影响因素

（1）铁碳工艺过程的初步比较

首先比较单独铁还原、废炭吸附和铁碳微电解过程对含铜黄连素废水的处理效果。调节废水 pH 约为 2.0，分别向 3 份水样中投加 25 g/L 的铁粉、30 g/L 废炭、25 g/L 铁粉和 30 g/L 废炭，比较研究了单独铁还原、单独废炭吸附以及铁碳微电解 3 种过程对高浓度含铜废水的处理效果，结果如图 3-74 所示。

由图 3-74 可知，反应 90 min 后，铁碳微电解对黄连素和 Cu^{2+} 的去除效果均好于单独铁还原和单独废炭吸附的作用之和，可见铁碳组合具有较好的协同作用。采用铁碳微电解法处理含铜黄连素废水，其反应过程极其复杂：①铁还原置换铜；②铁碳形成的微电池作用，即当铁和废炭在废水中接触时，铁的电位低为阳极，而炭的电位高为阴极，形成原电池，进而发生电化学反应；③废炭的吸附作用等。

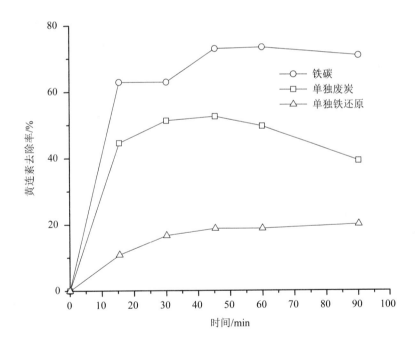

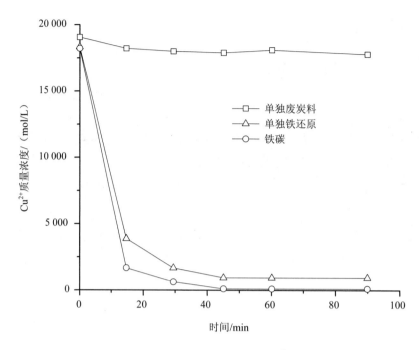

图 3-74　三种工艺对黄连素去除率和 Cu^{2+} 去除的比较

铁碳微电解对含铜废水中高浓度的黄连素及 Cu^{2+} 均具有较好的处理效果，若采用焚烧法对过程中产生的残渣进行处理，能消除废炭及其吸附的有机物，从而实现铜回收。

（2）反应时间的影响

取 1 L 的水样于反应器中，保持初始 pH 为 0.6，铁和废炭的投加量均为 20 g/L，搅拌。分别在反应时间为 30 min、60 min、90 min、120 min、150 min、180 min 时取样、过滤，测定出水残留黄连素和 Cu^{2+} 浓度随时间的变化如图 3-75 所示。

由图 3-75（a）可知，随着反应时间的增加，黄连素的去除率先上升后降低，之后再略微增加，可能是因为废炭在初始阶段对黄连素的吸附速率较快，之后逐渐降低，黄连素去除率略有升高，吸附在废炭上的黄连素发生解析。从图 3-75（b）可知，前 30 min 内，废水中 Cu^{2+} 质量浓度降低幅度极快，90 min 以后，废水中 Cu^{2+} 质量浓度降低幅度较为平缓，90 min 时残余 Cu^{2+} 质量浓度为 93.3 mg/L。随着反应时间的增加，铁的消耗量大，废炭吸附量也逐渐达到饱和，对污染物的去除速率逐渐降低，处理效果趋于平缓。而且反应时间过长会使单位容积的处理量下降，所以停留时间并非越长越好。综合考虑处理效果及成本因素，确定反应时间为 90 min。

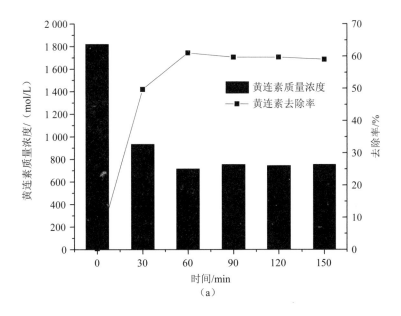

（a）

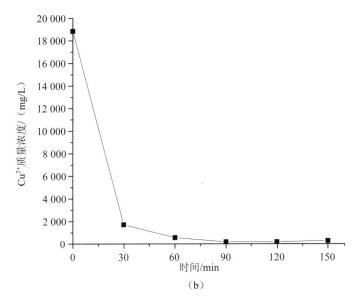

（b）

图 3-75　反应时间对黄连素和 Cu²⁺去除的影响

（3）铁投加量的影响

保持废水初始 pH 为 0.6，废炭投加量为 20 g/L，改变铁粉投加量，室温下搅拌，反应 90 min 后取样测定，考察铁的投加量对处理效果的影响，结果如图 3-76 所示。

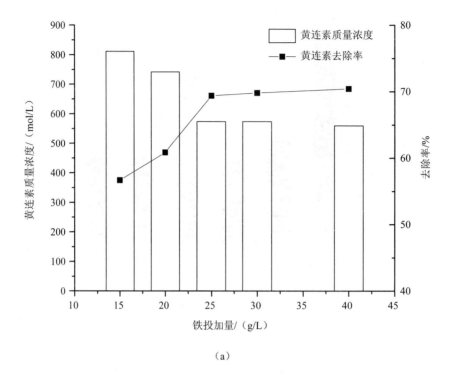

（a）

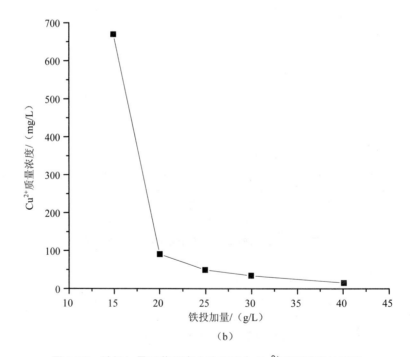

（b）

图 3-76　铁投加量对黄连素去除和残余 Cu^{2+} 质量浓度的影响

由图 3-76（a）可知，黄连素去除率随着铁投加量的增加而增加，当铁投加量大于 25 g/L 时，黄连素的残余质量浓度降低趋势缓慢，当铁投加量为 25 g/L 时，90 min 内黄连素去除率达 69.5%。由图 3-76（b）可知，随着铁投加量的增加，废水中残余的 Cu^{2+} 质量浓度逐渐降低。铁投加量较少时，铁还原及微电解作用较小，残余的污染物浓度则越高；铁投加量过高时，对 Cu^{2+} 的去除效果较好，但可能导致残渣中含铁量过高，从而给铜的回收带来较大影响。因而，确定适宜的铁投加量为 25 g/L。

（4）废炭投加量的影响

保持废水初始 pH 为 0.6，铁粉投加量为 25 g/L，向废水中投加不同质量的废炭，搅拌反应 90 min 后取样测定，考察废炭投加量对处理效果的影响，结果如图 3-77 所示。

由图 3-77 可知，随着废炭投加量的增加，黄连素和 Cu^{2+} 的残余浓度均有所降低，当废炭投加量为 30 g/L 时，黄连素的去除率达 72.4%，残余 Cu^{2+} 质量浓度为 28.4 mg/L。在铁碳系统中，加入炭的目的就是与铁形成宏观原电池，与铁的微观原电池协同促进水中污染物的降解。在一定范围内，废炭的数量越多，与铁的接触概率越大，原电池的数量随之增加，微电池作用则越强。同时，废炭对污染物的吸附量也随着废炭投加量的增大而增大，当废炭投加量增加到一定程度时，对污染物的去除更多地表现为吸附作用，甚至会抑制原电池的电极反应。由试验结果可知，随着废炭投加量的增加，污染物的去除效果并没有明显提高，且增加了处理成本，因此从处理效能和经济成本等方面考虑，确定废炭投加量为 30 g/L。

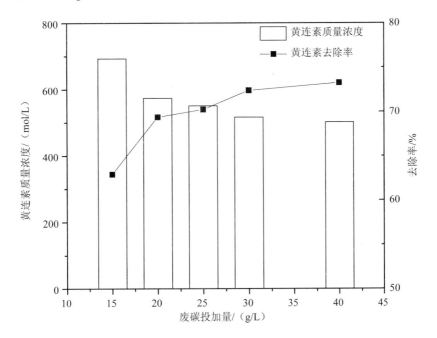

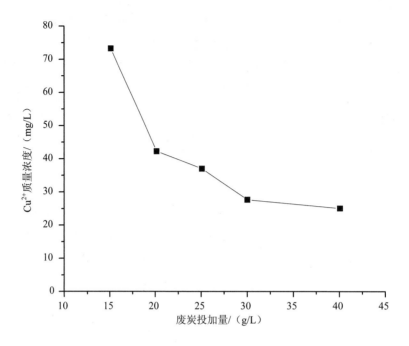

图 3-77 废炭投加量对黄连素和 Cu^{2+} 去除的影响

（5）初始 pH 的影响

含铜黄连素废水呈强酸性，初始 pH 为 0.6 左右，废水中污染物的种类十分复杂，随着废水 pH 的升高，废水的黏度逐渐增大，当废水 pH 升高至 4.0 以上时，废水中会出现大量的悬浮物，且难以沉降。因此，为了考察废水初始 pH 对微电解处理效果的影响，本研究选取的 pH 为 0.6～3.0。

取 1 L 废水，初始黄连素质量浓度为 1 911 mg/L，Cu^{2+} 质量浓度为 18 643 mg/L，铁和废炭投加量分别为 25 g/L 和 30 g/L，搅拌，在废水初始 pH 约为 0.6、2.0 和 3.0 条件下进行试验，考察废水 pH 对处理效果的影响，结果如图 3-78 所示。

由图 3-78 可知，随着废水 pH 的增加，黄连素的去除率有所降低，可能原因是 pH 的增加导致铁的消耗相对减慢，产生 Fe^{2+} 的速率变小，从而使 Fe^{2+} 对黄连素的还原作用相对减弱；废水中残余 Cu^{2+} 的质量浓度随着 pH 的升高而逐渐降低，反应 90 min 后废水中的残余 Cu^{2+} 质量浓度分别为 46.0 mg/L、15.5 mg/L 和 11.2 mg/L。可能原因是废水酸度越大，对铁的腐蚀速度越快，浪费材料，且对 Cu^{2+} 的处理效果不佳，还会加重设备的腐蚀程度及增加后续处理的负荷。因此在实际应用时，可调节废水 pH 为 2.0～3.0。

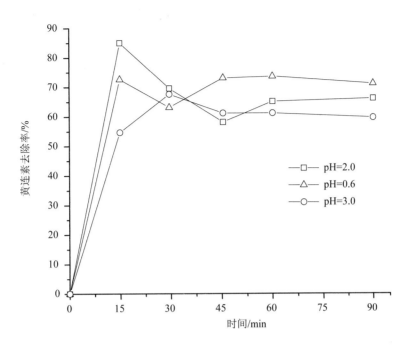

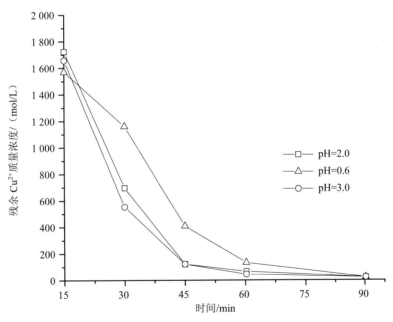

图 3-78 废水 pH 对黄连素去除率和 Cu^{2+}去除的影响

3.3.3.3　铜回收研究

在黄连素的生产过程中，$CuCl_2$ 是一种必不可少且消耗量较大的原料物质，产生的废水中含有高浓度的 Cu^{2+}，对其进行处理并回收铜，经济效益十分明显。

按照图 3-79 工艺路线回收金属铜，废水经过微电解反应后，对其进行压滤，将滤液与生活污水混合后进入后续生化处理工艺；对滤渣进行焚烧、提纯、酸化后得到 $CuCl_2$ 成品；同时该 $CuCl_2$ 成品可作为生产黄连素药品过程中的催化剂原料，进而实现铜的循环利用，该工艺可实现处理吨水回收铜 18～19 kg（以 Cu 计）。对废水中的 Cu^{2+} 处理和回收后，避免了金属铜的无效消耗，既降低了成本，又减少了对环境的污染，取得了良好的经济效益和社会效益。

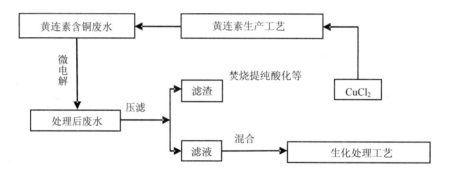

图 3-79　废水处理及铜回收工艺流程

3.3.3.4　中试处理研究

铁碳微电解-离子交换柱组合工艺对黄连素含铜废水的处理效果如表 3-11 所示。

表 3-11　铁碳微电解-离子交换柱组合工艺对黄连素含铜废水的处理效果

批次	进水			Fe-C 微电解池				离子交换柱出水				评价指标	
	铜/(mg/L)	COD/(mg/L)	pH	停留时间/h	铜/(mg/L)	COD/(mg/L)	pH	停留时间/h	铜/(mg/L)	COD/(mg/L)	pH	COD去除率/%	铜离子去除率/%
1	17 220	7 440	0.10	1	900	6 815	3.28	1	110	8 210	4.54	10.35	99.36
				2	600	7 205	3.48						
				3	550	7 375	3.60						
				4	350	9 145	3.71						

批次	进水			Fe-C 微电解池				离子交换柱出水				评价指标	
	铜/(mg/L)	COD/(mg/L)	pH	停留时间/h	铜/(mg/L)	COD/(mg/L)	pH	停留时间/h	铜/(mg/L)	COD/(mg/L)	pH	COD去除率/%	铜离子去除率/%
2	4 125	6 555	0.08	1	2 150	6 095	3.21	1	620	8 465	4.36	29.14	84.97
				2	1 715	5 155	3.33						
				3	1 350	5 180	3.45						
				4	850	5 250	3.66						
3	16 400	5 550	0.06	1	6 450	6 540	1.32	1	650	7 135	3.84	28.56	96.04
				2	8 000	6 195	1.35						
				3	8 300	5 990	1.37						
				4	8 600	6 230	1.38						
4	16 400	5 550	0.06	0.5	8 150	4 660	0.61	0.5	3 150	6 315	3.21	13.78	80.79
				1	8 550	3 605	0.65						
				1.5	8 800	5 990	0.71						
				2	8 450	5 185	0.79						
5	16 400	5 550	0.06	0.5	9 100	5 400	0.43	0.5	6 000	6 315	3.14	13.78	63.41
				1	8 050	4 745	0.44						
				1.5	11 050	5 960	0.48						
				2	9 050	5 760	0.51						
6	11 800	7 310	0.05	0.5	1 062	4 460	0.28	0.5	2 800	5 530	3.24	24.35	76.27
				1	10 250	5 185	0.31						
				1.5	9 200	5 870	0.34						
				2	8 600	4 875	0.45						
7	11 800	7 310	0.05	0.5	9 550	5 035	0.35	0.5	3 600	3 965	3.15	45.76	69.49
				1	9 010	4 080	0.34						
				1.5	8 540	5 260	0.37						
				2	7 900	5 590	0.34						
8	11 800	7 310	0.05	0.5	8 200	6 130	0.31	0.5	4 000	5 925	3.10	18.95	66.10
				1	8 650	7 235	0.33						
				1.5	8 340	3 780	0.34						
				2	8 250	4 455	0.35						
9	11 800	7 310	0.05	0.5	9 950	6 025	0.27	0.5	3 400	4 700	3.04	35.70	71.19
				1	9 750	5 855	0.29						
				1.5	10 140	6 720	0.31						
				2h	11 800	5 140	0.31						
10	11 800	7 310	0.05	0.5	9 000	4 500	0.24	0.5	4 400	3 910	3.01	46.51	62.71
				1	10 800	3 135	0.25						
				1.5	9 800	4 575	0.27						
				2	11 000	2 070	0.29						

通过铁碳微电解池后的黄连素含铜废水,随着 HRT 的增加,出水中的铜离子质量浓度会逐渐降低,pH 逐渐升高,最佳的反应时间为 2 h,2 h 之后的出水中,铜离子质量浓度变化不大。离子交换柱的有效 HRT 为 1 h。在初期,铁碳微电解池对废水中铜离子的平均去除率达到了 90% 以上,运行期间铜离子的平均去除率为 77%。

随着进水批次的增多,出水中的铜离子浓度有所升高,去除率随之下降,pH 的升高也不明显,说明铁碳电解池中的铁屑已被大量消耗。在离子交换柱中存在同样的问题,前期铁碳微电解池的废水处理效果较好,离子交换柱的处理压力也较小,出水相对较好。随着铁碳微电解池的废水处理效果变差,离子交换柱的处理压力随之增大,最终填料也达到饱和,废水中铜离子含量去除较少。

3.3.3.5 小结

1)铁碳微电解法对黄连素及 Cu^{2+} 的处理效果高于单独铁还原和废炭吸附效果之和,铁碳微电解法具有较明显的协同效应。铁碳微电解法处理含铜黄连素废水,铁还原是使废水中 Cu^{2+} 被大幅度去除的主要原因,而黄连素的去除可能是废炭吸附与微电解共同作用的结果。

2)铁碳微电解法处理含铜黄连素废水的适宜条件:铁投加量为 25 g/L,废炭投加量为 30 g/L,废水 pH 为 2.0~3.0,反应时间达 90 min 后,对黄连素的去除率达 70% 以上,铜的回收率达 99.9% 以上,废水中残余 Cu^{2+} 低于 20 mg/L,吨水处理可回收 18~19 kg 铜(以 Cu 计)。

3)铁碳微电解-离子交换柱组合工艺处理黄连素含铜废水的结果表明,铁碳微电解-离子交换柱组合工艺对黄连素含铜废水最佳的反应时间为 2 h,离子交换柱的有效水力停留时间为 1 h,运行期间铜离子的平均去除率为 77%。

3.3.4 新型铁碳复合材料处理含铜黄连素废水试验研究

铁碳微电解技术在试验研究和实践应用方面取得了较好的效果,但在含重金属制药废水处理中的应用尚不多见。在工程应用中,传统铁碳微电解容易出现板结、沟流等现象,影响其处理效果。本研究选取一种新型铁碳材料作为含铜黄连素废水的处理剂,考察了水力停留时间和再生对铁碳材料处理性能的影响,以期为该新型铁碳材料的实际应用提供理论依据和指导。

3.3.4.1 材料与方法

试验装置主要由调节池、蠕动泵及反应柱等部分构成,如图 3-80 所示。反应柱的规

格为 $D \times H = \phi\, 4\,\text{cm} \times 40\,\text{cm}$（$D$ 为反应柱直径，H 为反应柱高度），柱内填装新型铁碳材料（填充高度为 32 cm，有效填充体积约为 0.4 L，填充比为 1.75 kg/L）。反应柱底部设有微孔滤网、进水口和曝气口，上端设有出水口，试验采用底端进水、上端出水的方式连续运行。

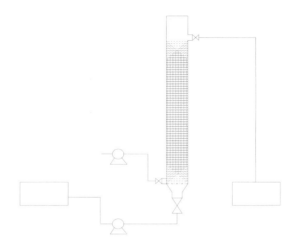

图 3-80　试验装置示意图

（1）预处理：将新型铁碳复合材料（外观为黑色、果粒状，粒径为 2～4 mm，密度为 1 750 kg/m^3）（上海陆博新材料科技有限公司提供）填充于反应柱中，通入清水浸泡30 min 后排出废水，重复 3～4 次，以去除少量的粉末物。

（2）试验：含铜黄连素废水进入调节池，经蠕动泵从底端进入反应柱内，通过调节蠕动泵流量，控制废水在反应柱内的停留时间，定时在出水口取样进行分析。

（3）再生：用质量分数为 0.5 g/L NaOH 溶液浸泡铁碳材料约 30 min，同时曝气，再用自来水冲洗至中性，重复使用。

3.3.4.2　新型铁碳复合材料对废水的处理效果

进水 pH 为 2.3～3.0，初始黄连素质量浓度约为 35 mg/L、Cu^{2+}质量浓度约为 410 mg/L，通过蠕动泵控制废水在反应柱中的水力停留时间（HRT），考察 HRT 对处理效果的影响（图 3-81）。适宜的水力停留时间有利于污染物的去除，水力停留时间短，污染物与颗粒接触不充分，反应不完全；停留时间过长，单位时间内对废水处理量少，同时可能会发生副反应，影响铁碳材料的性能，当 HRT=1.0 h 时，铁碳复合材料对废水处理效果较佳。综合考虑，选定适宜的水力停留时间为 1.0 h。

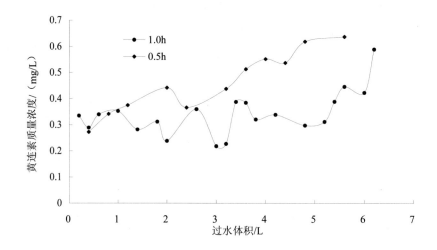

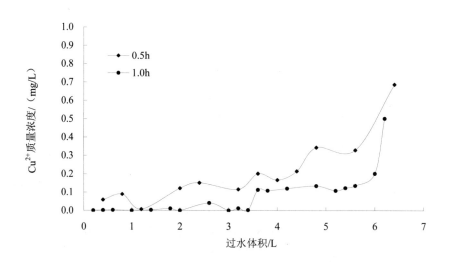

图 3-81　水力停留时间的影响

为了严格考察铁碳复合材料的处理效能，以出水中 Cu^{2+} 质量浓度 0.5 mg/L 为分界点，当出水中 Cu^{2+} 质量浓度开始高于 0.50 mg/L 时，对材料再生，再生后的铁碳材料继续用于处理废水，处理效果如图 3-82 所示。

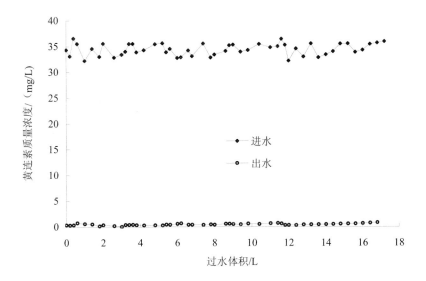

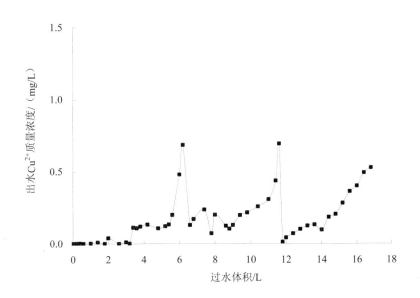

图 3-82 铁碳复合材料对废水的处理效果

从图 3-82 可以看出，以新型铁碳复合材料作为介质，采用连续动态试验的方法，对含铜黄连素制药废水的去除效果较好。新型铁碳复合材料对废水中黄连素和 Cu^{2+} 的去除可能是由铁还原、吸附作用、微电解作用共同完成的。随着进水时间的延长，反应过程中产生的铜单质及铁系氧化物（如 Fe_3O_4、Fe_2O_3）易在铁碳材料表面形成紧密的保护膜，尤其是黏附在铁粒子表面，阻碍了 Fe 还原 Cu^{2+} 作用。

当出水中 Cu^{2+} 质量浓度开始高于 0.50 mg/L 时，采用质量浓度为 0.5 g/L NaOH 溶液作为再生剂对铁碳材料进行再生。采用 NaOH 作为再生剂，可以中和材料中吸附的 H^+，破坏炭吸附饱和时的平衡体系，在碱性条件下，Fe^{2+} 和 Cu^{2+} 将在铁碳材料表面形成 $Fe(OH)_2$、$Fe(OH)_3$ 和 $Cu(OH)_2$ 难溶性膜，其在材料表面的黏附性比金属氧化物及铜单质膜黏附性低。因此，在曝气条件下，材料之间相互碰撞、摩擦，使 $Fe(OH)_2$、$Fe(OH)_3$ 和 $Cu(OH)_2$ 及材料表层物质发生脱落，水洗后，材料表面的污染物被大部分去除，材料性能基本得以恢复。

3.3.4.3 UV-vis 扫描光谱

黄连素含铜废水中的有机特征污染物是黄连素，为了考察材料对黄连素的去除机理，利用 UV1600 紫外-可见分光光度计，在 200～600 nm，以蒸馏水做参比，对经处理前后的废水进行紫外-可见光谱测定，扫描结果如图 3-83 所示。

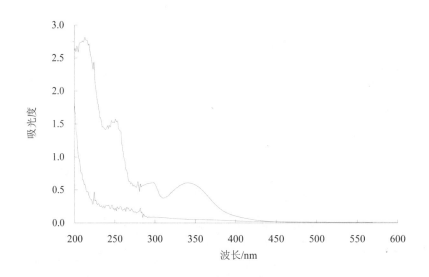

图 3-83　废水 UV-vis 扫描光谱图

由图 3-83 可知，原水在 213 nm、250 nm、298 nm 和 340 nm 出现 4 个特征峰，其中 340 nm 处为黄连素的特征吸收峰，废水经铁碳材料处理后，4 个特征吸收峰基本完全消失。综上可知，新型铁碳材料对废水中黄连素等有机污染物的去除以破坏其结构为主，将其转化为其他小分子物质。

3.3.4.4　新型铁碳复合材料的结构表征

（1）SEM-EDS 分析

新型铁碳材料是以铁、炭为主要原料而制成的。采用 JSM-6360LV 扫描电镜分析仪附带能量色散 X 射线能谱（SEM-EDS）考察铁碳材料的表面结构（图 3-84），由图 3-84（a）可知铁碳材料表面结构较为均匀，材料表面呈现一些颜色较深的黑点，可能是铁或炭吸附中心存在，保证了其吸附以及微电解的功能。从图 3-84（b）可知，反应达到饱和后，材料表面更加粗糙，呈皱箔状，产生许多团状产物，这是因为废水流经铁碳材料后，材料表面发生铁还原、炭吸附和微电解等作用，导致材料表面的铁发生腐蚀。由图 3-82（c）可知，铁碳材料经再生后，表面形貌与材料反应前 [图 3-84（a）] 较为接近，可知其表面的大部分污染物被去除，表明再生效果较好。

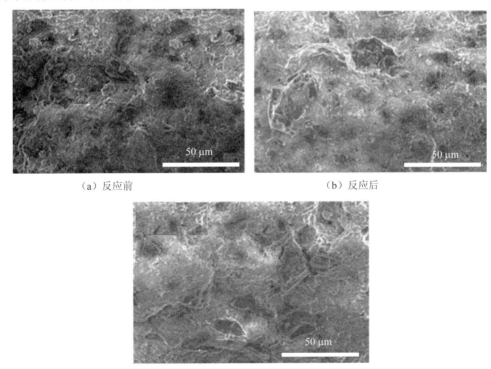

（a）反应前　　　　　　　　　　　　　　　　（b）反应后

（c）再生后

图 3-84　铁碳复合材料处理废水前后及再生后的扫描电镜图片（×400）

EDS 能谱分析结果得出铁碳材料表面主要元素组成及其含量（见表 3-12），由表 3-12 可知铁碳材料原样表面含有 0.57% 的 Cu，当出水中 Cu^{2+} 质量浓度高于 0.50 mg/L 时，材料表面 Fe 含量下降了 1.11%，Cu 含量上升了 2.44%。材料再生后，其表面 Fe/Cu 分布与材料原样较为接近，但是随着再生次数的增加，材料表面的 Cu 含量不断增加，增加幅度缓慢，且再生后的材料对废水处理量也逐渐降低。可见随着再生次数的增加，铁碳复合材料的性能有所降低，其性能随再生次数的变化规律有待进一步研究。

表 3-12 材料表面元素质量分数及过水体积随再生次数的变化

	再生次数				
	0（原样）	进水饱和后	1	2	3
C 质量分数/%	96.09	94.86	94.96	95.25	95.58
Fe 质量分数/%	2.94	1.83	2.62	3.09	2.87
Cu 质量分数/%	0.57	3.01	0.69	0.81	1.05
过水体积/L	—	6.2	5.2	5.0	—

（2）XRD 分析

为了进一步了解该复合材料，采用 Bruker D8 X-射线衍射仪对铁碳材料原样、反应后和再生后的材料进行 XRD 分析，如图 3-85 所示。从图 3-85 可知，铁碳材料处理废水前后及再生后的 XRD 图没有本质的区别，但反应后铁碳材料的 XRD 图在 $2\theta=26.65°$ 处衍射强度较材料反应前和再生后的要低，且其 XRD 图谱曲折度较大，也表明在反应过程中，其表面产生了新的物质覆盖于材料表面，经再生处理后，表面性状基本得以恢复。

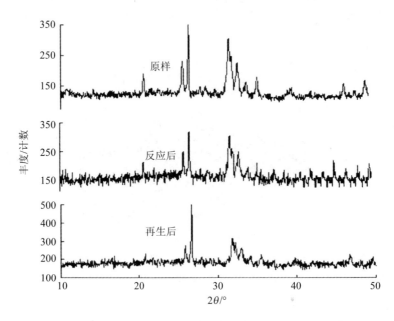

图 3-85 铁碳复合材料处理废水前后及再生后的 XRD 图谱

3.3.4.5　小结

1）利用新型铁碳材料作为反应介质处理含铜黄连素制药废水，对黄连素和 Cu^{2+} 的去除效果较好，进水黄连素和 Cu^{2+} 质量浓度约为 35 mg/L 和 410 mg/L，在水力停留时间为 1.0 h 的条件下，出水中黄连素和 Cu^{2+} 质量浓度分别低于 1.0 mg/L 和 0.5 mg/L。

2）采用质量分数为 0.5% 的 NaOH 溶液再生法对铁碳复合材料进行再生，并循环用于废水处理，对废水的处理效果仍较好，在相应的进水时间内可保证出水黄连素和 Cu^{2+} 质量浓度低于 1.0 mg/L 和 0.5 mg/L，扫描电镜附带能量色散 X 射线能谱（SEM-EDS）分析结果表明再生后的材料表面结构和 Fe-Cu 两种元素含量分布与原样基本一致，但随着再生次数的增加，材料对废水的处理性能有所降低。UV-vis 结果表明，新型铁碳材料可破坏废水中黄连素等特征污染物的结构，将其转化为其他小分子物质。

参考文献

[1] Hartton D，Pickeringf W F. The effect of pH on the retention of Cu，Pb，Zn and Cd by clay-humic acid mixtures [J]. Water Air Soil Pollut，1980，14：13-21.

[2] 李国新，薛培英，李庆召，等. pH 对穗花狐尾藻吸附重金属镉的影响[J]. 环境科学研究，2009，22（11）：1329-1333.

[3] Eloussaief M，Jarraya I，Benzina M. Adsorption of copper ions on two clays from Tunisia：pH and temperature effects [J]. Applied Clay Science，2009，46：409-413.

[4] 环境保护部，国家质量监督检验检疫总局. 化学合成类制药工业水污染物排放标准（GB 21904—2008）[S]. 北京：中国环境科学出版社，2008.

[5] 邓小兵. DH-3 试剂对废水中微量 Cu^{2+} 的吸附动力学研究[J]. 工业水处理，2009，29（6）：38-41.

[6] Chang M Y，Juang R S. Adsorption of tannic acid，humic acid，and dyes from waters using the composite of chitosan and activate decay [J]. Journal of Colloid and Interface Science，2004，278（1）：18-25.

[7] 杨永波，姚琳，郑霞，等. 大孔吸附树脂分离纯化黄柏中盐酸小檗碱的工艺研究[J]. 黑龙江中医药，2009，38（1）：56-58.

[8] 任晓锋，余婷婷，陈钧. 大孔吸附树脂分离纯化黄连、关黄柏中季铵总碱的工艺研究[J]. 时珍国医国药，2008，19（4）：949-953.

[9] 牟宏晶，丁为民. 大孔吸附树脂选择性提取黄柏生物碱工艺研究[J]. 哈尔滨理工大学学报，2009，14（3）：98-101.

[10] 何炳林. 离子交换与吸附树脂[M].上海：上海科技教育出版社，1995.

[11] Weber W J.，Crittendent J C. A numeric method for design of adsorption systems[J]. Wat. Poll. Control Fed.，1975，47：924-932.

[12] Weber W J.，McGinley P M.，Katz L E. Sorption phenomena in subsurface systems：concepts，models and effects on contaminant fate and transport[J]. Wat. Res.，1991，25（5）：499-528.

[13] 单永平，曾萍，宋永会，等. 树脂吸附法处理黄连素模拟废水[J]. 环境工程技术学报，2010，1（4）：300-304.

[14] 张富芳，张婕，陈卫航，等. 大孔树脂 YWD09A5 精制栀子黄色素的工艺研究[J]. 粮油加工，2008（8）：113-117.

[15] 周芸，周菊峰，陶李明，等. 丁二酰亚胺基修饰的吸附树脂对苯胺的吸附热力学性能[J]. 环境科学研究，2009，22（5）：521-525.

[16] 肖谷清，龙立平，王姣亮，等. 乙酰苯胺修饰的后交联树脂的制备及对香兰素吸附性能[J]. 高分子材料科学与工程，2011，27（8）：160-163.

[17] 李艳，聂光华. Chemsketch 在构建三维模型中的应用 [J].电脑知识与技术，2007（16）：1130.

[18] Daneshvar N，Khataee A R，Ghadim A R A，et al. Decolorization of C.I.Acid Yellow 23 solution by electrocoagulation process：Investigation of operational parameters and evaluation of specific electrical energy consumption（SEEC）[J]. Journal of Hazardous Materials，2007，148：566-572.

[19] Canizares P，Jimenez C，Martinez F，et al. Study of the electrocoagulation process using aluminum and iron electrodes[J]. Industrial Engineering Chemical Research，2007（46）：6189-6195.

[20] Daneshvar N，Oladegaragoze A，Djafarzadeh N. Decolorization of basic dye solutions by electrocoagulation：An investigation of the effect of operational parameters[J]. Journal of Hazardous Materials，2006，B129：116-122.

[21] Essadki A H，Bennajah M，Gourich B，et al. Electrocoagulation/electroflotation in an external-loop airlift reactor—Application to the decolorization of textile dye wastewater：A case study[J]. Chemical Engineering and Processing，2008（47）：1211-1223.

[22] Zodi S，Potier O，Lapicque F，et al. Treatment of the textile wastewaters by electrocoagulation：Effect of operating parameters on the sludge settling characteristics[J]. Separation and Purification Technology，2009（69）：29-36.

[23] Chou W L，Wang C T，Huang K Y. Effect of operating parameters on indium（III）ion removal by iron electrocoagulation and evaluation of specific energy consumption[J]. Journal of Hazardous Materials，2009（167）：467-474.

[24] 王立群，李英明，张丽萍，等. 生态技术栽培黄连的红外指纹图谱分析与表征[J]. 光谱学与光谱分析，2006，26（6）：1061-1066.

[25] 高升文. 双向脉冲镀银技术的研究与应用[J]. 表面技术，2008，37（1）：83-85.

[26] 庞梅，李洪有，李哲煜，等. 双向脉冲电铸镍的研究[J]. 电镀与环保，2010，30（1）：11-14.

[27] 杨红斌，荆秀艳，杨胜科，等. 石墨电极-低压脉冲电解含油废水影响因素研究[J]. 环境工程学报，2010，4（1）：13-16.

[28] Daneshvar N，Sorkhabi H A，Kasiri M B. Decolorization of dye solution containing Acid Red 14 by electrocoagulation with a comparative investigation of different electrode connections[J]. Journal of Hazardous Materials，2004（112）：55-62.

[29] 冯爽，孔海南，褚春凤，等. 电絮凝法去除二级处理出水中的磷[J]. 中国给水排水，2003，19（1）：52-54.

[30] 王车礼，张登庆，陈毅忠，等. 电絮凝过程电流密度与槽电压关系研究[J]. 工业水处理，2002，22（7）：28-30.

[31] Khataee A R，Vatanpour V，Ghadim A R A. Decolorization of C.I. Acid Blue 9 solution by UV/Nano-TiO_2，Fenton，Fenton-like，electro-Fenton and electrocoagulation processes：A comparative study[J]. Journal of Hazardous Materials，2009（161）：1225-1233.

[32] 左建成. 电絮凝水处理器铝阳极钝化的研究[D]. 沈阳：东北大学，2005.

[33] 李荻. 电化学原理（修订版）[M]. 北京：北京航空航天大学出版社，1999：106.

[34] 柴凡凡，李克艳，郭新闻. 非均相 Fenton 催化剂的组成结构设计与性能优化[J]. 应用化学，2016，33（2）：133-143.

[35] M I Badawy，R A Wahaa，A S El-Kalliny. Fenton-biological treatment processes for the removal of some pharmaceuticals from industrial wastewater[J]. Journal of Hazardous Materials，2009，167（1-3）：567-574.

[36] Sirtori C，Zapata A，Oller I，et al. Solar Photo-Fenton as Finishing Step for Biological Treatment of a Pharmaceutical Wastewater[J]. Environmental Science and Technology，2009，43（4），1185-1191.

[37] Rozas O，Contreras D，AngelicaMondac M，et al. Experimental design of Fenton and photo-Fenton reactions for the treatment of ampicillin solutions[J]. Journal of Hazardous Materials，2010，177（1-3）：1025-1030.

[38] Battino R. Solubility data series，volume 7，oxygen and ozone[M]. New York，Pergamon Press，1981.

[39] Nemes A，Fabian I，Gordon G. Experimental aspects of mechanistic studies on aqueous ozone decomposition in alkaline solution[J]. Ozone Sci Eng，2000，22（3）：287-304.

[40] 邹如森. 臭氧氧化对亚硝胺前体物的影响和机理研究[D]. 厦门：华侨大学，2017.

[41] Qin W，Song Y，Dai Y，et al. Treatment of berberine hydrochloride pharmaceutical wastewater by O_3/UV/H_2O_2 advanced oxidation process[J]. Environmental Earth Sciences，2015，73：4939-4946.

[42] Zeng Z Q，Wang J F，Li Z H，et al. The Advanced Oxidation Process of Phenol Solution by O_3/H_2O_2 in a Rotating Packed Bed[J]. Ozone Scierce Engineening，35（2）：101-108.

[43] 王璐. 均相催化臭氧氧化处理分散染料废水的研究[D]. 上海：东华大学，2012.

[44] 程星星，王郑，黄新，等. 催化臭氧化技术在水处理中研究进展[J]. 能源环境保护，2017（6）：1-4，29.

[45] 程晓东，禚青倩，余正齐，等. 非均相催化臭氧化污水处理技术研究进展[J]. 工业用水与废水，2017（1）：6-9.

[46] Cybulski A. Catalytic wet air oxidation：are monolithic catalysts and reactors feasible[J]. Ind Eng Chem Res，2007，46（12）：4007-4033.

[47] Kolaczkowski S T，Beltran F J，McLurgh D B，et al. Wet air oxidation of phenol：factors that may influence global kinetics [J]. Process Saf Environ Prot，1997，75（4）：257-265.

[48] CYBULSKI A. Catalytic wet air oxidation：are monolithic catalysts and reactors feasible[J]. Ind. Eng. Chem. Res，2007，46：4007-4033.

[49] 邹道安. 基于超临界水氧化的生活垃圾渗滤液和焚烧飞灰协同无害化处理研究[D]. 杭州：浙江大学，2014.

[50] 欧阳秀欢，陈国华. Fenton 试剂处理褐藻胶生产废水[J]. 水处理技术，2005，31（4）：56-59.

[51] 程学文，栾金义，王宜军，等. pH 调节—Fenton 试剂氧化法预处理间甲酚生产氧化废水[J]. 化工环保，2005，25（4）：291-294.

[52] 刘环宇，杨春平，陈宏，等. Fenton 试剂处理香精香料废水的研究[J]. 给水排水，2008，34（11）：187-189.

[53] ZHANG H，FEI C Z，ZHANG D B，et al. Degradation of 4-nitrophenol in aqueous medium by electro-Fenton method[J]. Journal of Hazard Materials，2007，145（1-2）：227-232.

[54] 程丽华，黄君礼，王丽，等. Fenton 试剂的特性及其在废水处理中的应用[J]. 化学工程师，2001，84（3）：24-25.

[55] BOSSMANN S H，OLIVEROS E，GÖB S，et al. New evidence against hydroxyl radicals as reactive intermediates in the thermal and photochemically enhanced Fenton Reactions[J]. Journal of Physical Chemistry A，1998，102（28）：5542-5550.

[56] CHEN R Z，PIGNATELLO J J. Role of quinone inter mediates as electron shuttle in Fenton and Photoassisted Fenton oxidations of aromatic compounds [J]. Environmental Science and Technology，1997，31（8）：2399-2406.

[57] ZEPP R G，FAUST B C，HOIGNE J. Hydroxyl radical formation in aqueous reactions（pH3~8）of Iron（II）with hydrogen peroxide：the Photo-Fenton Reaction[J]. Environmental Science and Technology，

1992，26（2）：313-319.

[58] 陈传好，谢波，任源，等. Fenton 试剂处理废水中各影响因子的作用机制[J]. 环境化学，2000，21
（3）：94-96.

[59] Bader H，Hoigné J. Determination of ozone in water by the indigo method[J]. Wat Res，1981，15：
449-456.

[60] 国家环保局. 水和废水监测分析方法（4 版）[M]. 北京：中国环境科学出版社，2002.

[61] Singer P C，Gurol M D. Dynamics of the ozonation of phenol-I. experimental observations[J]. Water
Research，1983，17：1163-1171.

[62] Hoigné J，Bader H. Rate constants of reactions of ozone with organic and inorganic compounds in
water-I. non dissociating organic compounds[J]. Water Research，1983，17：173-183.

[63] Chung J，Lee M，Ahn J，et al. Effects of operational conditions on sludge degradation and organic acids
formation in low-critical wet air oxidation [J]. J. Hazard. Mater，2009，162：10-16.

[64] Yang S，Liu Z，Huang X，et al. Wet air oxidation of epoxy acrylate monomer industrial wastewater[J]. J
Hazard Mater，2010，178（1-3）：786-791.

[65] Rivas F J，Kolaczkowski S T，Beltran F J，et al. Development of a model for the wet air oxidation of
phenol based on a radical mechanism [J]. Chem. Eng. Sci，1998，53：2575-2586.

[66] Melero J A，Martinez F，Botas J A，et al. Heterogeneous catalytic wet peroxide oxidation systems for the
treatment of an industrial pharmaceutical wastewater[J]. Water Res，2009，43（16）：4010-4018.

[67] Levec J，Pinter A. Catalytic wet air oxidation processes：A review [J]. Catal Today，2007，124（3-4）：
172-184.

[68] Suarez-Ojeda M E，Carrera J. et al. Wet air oxidation（WAO） as a precursor to biological treatment of
substituted phenols：refractory nature of the WAO intermediates[J]. Chem Eng J，2008，144（2）：205-212.

[69] Cossu R.，Polcaro A. M.，Lavagnolo M. C，et al. Electro- chemical treatment of landfill leachate：
oxidation at Ti/PbO$_2$ and Ti/SnO$_2$ anodes[J]. Environ. Sci. Technol.，2004，32（22）：3570-3573.

[70] Xiao. S.，Qu. J.，Zhao X.，et al. Electrochemical process combined with UV light irradiation for
synergistic degradation of ammonia in chloride containing solutions[J]. Wat. Res.，2009，43（5）：
1432-1440.

[71] 刘咏，赵仕林，刘丹. 氯离子在电化学氧化处理垃圾渗滤液中的转化研究[J]. 四川师范大学学报（自
然科学版），2008，31（2）：229-233.

[72] Kim K. W.，Kim Y. J.，Kim I. Electrochemical conversion characteristics of ammonia to nitrogen[J]. Wat.
Res.，2006，40（7）：1431-1441.

第4章 制药废水生物处理技术

生物处理技术主要是通过微生物代谢作用降解制药废水中的有机污染物，与物化法相比，生物处理技术具有经济、高效的优点，并可实现无害化、资源化，所以长期以来始终占有重要的位置。

4.1 厌氧生物处理技术

对于 COD 高且具有一定的可降解性的制药废水，厌氧处理不失为最优的选择，厌氧处理可以在去除废水中有机污染物的同时产生生物质能源（H_2 和 CH_4），且厌氧处理过程特别是其中的水解酸化过程可以将难生物降解大分子有机物生物转化为易生物降解的小分子，提高废水可生化性，起到代替物化预处理的作用。国内外研究者曾采用多种厌氧生物工艺对制药废水处理进行探索，其中包括 UASB（升流式厌氧污泥床）、水解酸化、厌氧生物滤池、完全混合厌氧反应器、厌氧悬浮生物膜反应器等。

4.1.1 UASB 工艺

UASB 工艺由于具有厌氧过滤及厌氧活性污泥法的双重特点，是能够将污水中的污染物转化成再生清洁能源（沼气）的一项技术。刘锋等[1]利用 UASB 技术对某制药厂的头孢类抗生素废水进行了处理，实验结果表明，当反应器稳定运行后，进水 COD 质量浓度为 14 300 mg/L，容积负荷可达 14.3 kg/（$m^3 \cdot d$），COD 的去除率能够稳定在 85% 左右，出水 COD 质量浓度在 2 500 mg/L 以下，出水 VFA（挥发性脂肪酸）的浓度在 3 mmol/L 左右，产气量可达 17 L/d。章毅等[2]采用 UASB 对苏州某药厂的制药废水进行了处理，实验结果表明，此技术比传统 A/O 工艺的氨氮去除率可提高 10%～30%，使氨氮的去除率维持在 97%～99%；而且，在人工和碳源上可节省 40% 左右。卢斌等[3]利用 UASB 反应器对华北某制药集团的制药酸水进行了二级厌氧处理，实验结果表明：一级厌氧在 COD/SO_4^{2-} 为 2.5～3.0 条件下，COD 去除率约为 20%，SO_4^{2-} 去除率约为 65%；二级厌氧 COD 去除率能达到 75%，系统 COD 总去除率可达到 80%，SO_4^{2-} 总去除率可达到 65% 以上。Sreekanth 等[4]采用 UASB 处理含间氯三酚、太酸二丁酯、酰胺咪嗪以及安替比林等多种有毒有机污染物的制药工业废水,在 COD 负荷为 9.0 kg/(m³·d)条件下,实现了废水中 65%～75%的 COD 以及 80%～90%的 BOD 去除,反应器表现出较好的抗冲击能力。Sponza[5]采用 UASB 系统处理磺胺甲嘧啶抗生素废水,随着进水抗生素浓度的增加,UASB 内产甲烷速率明显下降,目标污染物的去除率达到了 100%,COD 的最终去除率也达到了 97%。可见,此技术对制药废水的某些物质的去除率很高,但 UASB 对水质和负荷突然变化较敏感,而且耐冲击力较差,所以此技术还需完善。

在厌氧处理过程中,因为产酸和产甲烷反应速率的差异,因此厌氧反应器中常出现 VFA 积累而致使产甲烷速率下降。对于制药废水而言,废水中含有大量抑制微生物的有毒有机物,而产甲烷细菌往往较产酸菌更敏感,此外有些废水还含有高质量浓度的 SO_4^{2-},SO_4^{2-}会对产甲烷菌产生强烈的初级抑制和次级抑制,这就进一步加剧了产酸和产甲烷过程的矛盾,以致影响厌氧消化系统的正常运行。Chelliapan[6]采用 UASB 处理大环内酯类抗生素废水,考察了厌氧处理作为抗生素废水前处理手段的可行性,95%的抗生素类物质得到了有效去除,同时随着抗生素浓度的增加,反应器的处理效率有明显下降趋势。针对产甲烷微生物和产酸微生物不同的生产速率和不同的 pH 要求催生了 TPAD(两相厌氧反应器)的出现。Chen 等[7]采用 TPAD 预处理含吡啶以及多种季铵盐的化学合成类制药废水,在进水 COD 质量浓度为 5 789～58 792 mg/L,pH 为 4.3～7.2 的条件下,对目标污染物和其他有机物表现出较好的处理效果以及抗冲击能力,出水满足后续处理工艺的要求。

4.1.2 ABR 工艺

厌氧折流板反应器(ABR)是在第二代厌氧反应器处理工艺性能的基础上开发和研制的一种新型高效厌氧污水处理技术。ABR 法集 UASB 和分阶段多相厌氧反应器(SMPA)技术于一体,不但提高了厌氧反应器的容积和处理效率,而且使其稳定性和对不良因素的适应性大为增强,是水污染防治领域一项有效的新技术。ABR 工艺的一个突出特点是设置了上下折流板,使得在水流方向形成相互串联的隔室,从而使其中的微生物种群沿水流流向不同的隔室,实现产酸相和产甲烷相的分离,在单个反应器中达到两相或者多相运行。研究表明,两相工艺中产酸菌和产甲烷菌的活性要比单相时高出 4 倍,并使不同的微生物种群在各自适宜的条件下生存,从而便于有效管理,提高处理效果。ABR 在生物学方面也实现了多相分离,为不同种类的微生物提供了各自更加适宜的环境条件,从而达到较好的处理效果。Nachaiyasit 等[8-9]的研究结果表明,在 ABR 的第一个隔室中以产酸菌为主,而在较后的隔室中则以适宜较高 pH 条件下的甲烷菌为主,而且随着隔室向后推移，由甲烷八叠球菌为优势菌种逐渐向甲烷丝菌属、异养甲烷菌属和脱硫弧菌属转变。

ABR 由于折流板的阻挡作用，阻止了各隔室的返混，因而就整个反应器而言，具有水平推流（PF）的流态，且分隔数越多，PF 越明显；另外，ABR 反应器对颗粒的截留能力很强，污泥龄较长。污泥龄长有利于世代期较长的细菌繁殖生长，促使系统形成复杂的生物菌群。ABR 的这种特性使其对制药废水等难降解、有毒废水的处理具有潜在的优势。邱波等[10]将 ABR 反应器用于处理高浓度的金霉素制药废水，经过三个多月的调试，当温度在 30～40℃、容积负荷为 5.625 kg/（m^3·d）时，对 COD 的去除率可达到 75%以上。采用厌氧折流板反应器处理经预处理后的农药中间体甲基氯化物生产废水，当进水 COD 为 6 421.5 mg/L、HRT 为 94 h 时，COD 的去除率可达 68%，与废水 75%的生化极限接近。Fox 等[11]应用 ABR 工艺对 COD 初始质量浓度高达 2 000 mg/L 的含硫制药废水进行了预处理研究。结果表明，当 HRT=1 d 且稳定运行时，COD 去除率为 50%，SO_4^{2-} 的去除率则高达 95%，且 SO_4^{2-} 在第一隔室中几乎被完全转化成硫化物，沿池长方向硫化物含量逐步增加，而 H_2S 含量降低，从而有利于甲烷化作用。但当将进水 COD 质量浓度提高至 8 000 mg/L 且保持 COD/SO_4^{2-} 不变并持续 100 d 后，最终出水中总硫质量浓度达 200 mg/L，产生了抑制作用，使 COD 去除率下降了 20%，出水中 VFA 含量增至 4 500 mg/L。

4.1.3　水解酸化工艺

水解酸化是介于好氧和厌氧之间的方法，和其他工艺组合也可以降低成本，提高处理效率。水解酸化工艺根据甲烷菌与水解产菌生长速度不同，将厌氧处理控制在反应时间较短的厌氧处理第一阶段和第二阶段。反应时间短，继而可以改善污水的可生化性，为后续处理奠定良好的基础。从机理上来讲，水解和酸化是厌氧消化的两个过程，不同的工艺水解化的目的不同。其主要目的是将原有废水的非溶解性有机物转变为溶解性有机物，特别是废水，主要将其中难生物降解的有机物转变为易降解的有机物，提高废水的可生化性，有利于后续的处理。相会强等[12]对哈尔滨制药四厂的制药废水进行了处理，实验结果表明，处理最佳工艺参数为：水解酸化池的内部尺寸为 5 m×5 m×5.6 m，有效容积为 75 m^3。总水力停留时间为 12 h，第一级水力停留时间为 4 h，第二级水力停留时间为 8 h。温度为 20～30℃最佳，低于 8℃出水水质最差。伊学农等[13]利用水解酸化技术对上海某生物制药公司的制药废水进行了处理，实验结果表明：当进水 COD 质量浓度在 200～1 012 mg/L 时，出水稳定在 60～90 mg/L，COD 和氨氮的平均去除率均在 90.4%和 74.2%以上，SS 平均去除率在 87%以上，系统出水的各项污染指标均达到了排放标准。刘华等[14]对天津某制药厂的一所中型化学制药企业废水进行了处理，实验结果表明：采用此技术处理废水，污染物 COD 的去除率为 83%，NH$_3$-N 的去除率为 84%左右，BOD$_5$ 的去除率在 95%以上。可见，水解酸化技术对制药废水的处理效果很好，且占地小、投资少、运行维护简便。

虽然厌氧处理可以高效降解制药废水中多种有毒有害物质，但是对制药废水中多种难降解污染物，单纯依靠厌氧处理常常无法实现其完全矿化。厌氧处理与物化预处理手段一样，大多数情况下只能作为有效的预处理手段对废水进行脱毒。制药废水成分复杂，且很多污染物及其厌氧代谢产物不具备厌氧降解的途径，因此必须依靠最终的好氧生物处理才能实现其完全处理。

4.2　好氧生物处理技术

在制药废水的生物处理中好氧生物处理是研究起步最早、应用范围最广、技术最成熟的制药废水处理技术。常规的好氧生物处理技术主要包括传统好氧活性污泥处理工艺、氧化沟处理工艺、深井曝气处理工艺、序批式间歇活性污泥法处理工艺（SBR）以及膜生物反应器（MBR）等。

4.2.1　传统活性污泥工艺

传统的活性污泥处理工艺是应用最早的好氧生物污水处理技术，早在 20 世纪 70 年代，国外发达国家已广泛将这一技术应用于制药废水处理领域。但是在实际水处理应用过程中，传统的活性污泥处理工艺容易出现污泥膨胀、污泥产量大以及处理负荷较低等诸多问题，往往需要采用二级或多级连用的方式以达到较高的处理效果。对于传统活性污泥处理工艺的改良，目前的研究方向主要是采用特定的处理技术对曝气方式进行改进，提高好氧污泥负荷。氧化沟是一种呈封闭环状沟渠的污水处理建筑物，污水与活性污泥的混合液在曝气沟中经长时间的循环流动而得到净化。从本质上看氧化沟工艺是传统活性污泥工艺的一种变形。氧化沟的工作原理及过程包括推流式和完全混合式两种。当污水与混合液在沟内进行连续循环时，一般污水进入沟中，平均循环几十圈，才能流出沟外。这就具备了二者的双重特点。首先，当高浓度的制药废水进入沟后，其浓度很快被稀释，这就是氧化沟工艺抗冲击负荷能力强的原因。其次，氧化沟具有推流式的特征，所以氧化沟综合了推流式和完全混合曝气式的优点。由于以上特点，氧化沟内污泥浓度一般都很高，系统泥龄也很长，在这样的条件下，制药废水一般都能充分地进行好氧消化，是一种具有很大发展前景的好氧处理工艺。

4.2.2 深井曝气处理工艺

深井曝气处理工艺又称"超深水曝气"，是 20 世纪 70 年代由英国研制开发的一种新型污水处理工艺，属于高速活性污泥处理系统。根据亨利定律，气体在水中的溶解氧与水压有关，深水曝气可使曝气的转移率和水中溶解氧浓度大幅提高。美国帝国公司认为，在水深 100 m 的条件下，氧利用率可达 90%，动力效率可达 6 kgO_2/（kW·h），大大节约了动力消耗，使处理成本降低。深井曝气的深度可达 100~300 m，废水进入与回流污泥在井上部混合后，混合液沿井内中心管以 1~2 m/s 的流速向下流动，高速高效地处理废水。与其他废水处理工艺相比，深井曝气处理工艺具有污水溶解氧利用效率高、污泥负荷速率高的特点，且深井曝气处理工艺工程占地面积小、运营投资成本低、耐冲击负荷性能好、受气温影响小。深井曝气处理污水净化效率较高，对废水中 COD 的去除率通常能够达到 70% 以上。然而，随着制药行业的快速发展，大部分制药行业所生产的药品种类日趋多样化。继续采用现行的深井曝气处理工艺对其进行处理，已不能达到我国现行的制药行业废水排放标准，为此需要将深井曝气工艺与其他污水处理工艺（如 SBR、生物接触氧化法等）进行联合，以达到较好的处理效果。

4.2.3 SBR 工艺

SBR 是一种运用间歇曝气方式来运行的活性污泥污水处理技术，又称序批式活性污泥法。邹平等[15]利用 SBR 技术对制药废水进行了处理，实验结果表明：SBR 法的曝气时间为 10 h、进水时间为 1 h 时最为适宜，加设缺氧阶段可明显提高 SBR 法的 NH_3-N 去除率。他们所测得的最佳运行参数为：1 h 进水、1 h 缺氧搅拌、4 h 曝气、2 h 缺氧搅拌、6 h 曝气、2 h 沉淀。其中，进水期、排水期以及闲置期的历时可根据水质、水量的实际情况进行相应的调整。舒晓春等[16]利用 SBR 工艺对湖北省仙桃市中药厂的制药废水进行了处理，实验结果表明：当进水 COD 质量浓度为 250 mg/L、BOD_5 为 120 mg/L、出水 COD 为 49 mg/L、BOD_5 为 20 mg/L 时，COD 的去除率可达 80%，BOD_5 的去除率为 83%，SBR 工艺处理效果比较显著。韩相奎等[17]对吉林敖东药业集团口服液生产车间的制药废水进行了处理，实验结果表明：在进水 COD 质量浓度为 633.2~4 112.6 mg/L，经 18 h 曝气处理，出水 COD 均在 158.3 mg/L 以下，COD 的去除率高达 83.3%~98.1%。邓乔等[18]用 SBR 工艺对某制药公司的废水进行了实验，实验结果表明：处理水量为 2 000 m^3/d，SBR 对 COD 的去除率在 92.2%~95.8%，平均为 94.23%，对氨氮的去除率在 82.7%~97.6%，平均去除率可达 90.73%。SBR 最佳运行参数为：曝气时间为 8 h，污泥负荷控制在 0.23~0.28 kg/（kg·d），温度为 26~30℃。虽然 SBR 技术能有效地去除制药废水中的有害物质，但采用单一的处理方法往往不能达到处理要求，而且所选用的材料价格较高，使用寿命较短，限制了该技术的大规模应用。

4.2.4　MBR 工艺

MBR 是一种处理效率高、出水水质好的新型水处理技术，目前国内已有学者利用膜生物反应器对制药废水进行了深入研究。高健磊等[19]采用 3 组不同膜组件的 MBR 对诺氟沙星制药废水进行了处理，实验结果表明：间歇反冲洗运行、水温为 25℃、曝气量为 6.0 m^3/h 时有利于减缓膜污染，通过污泥负荷的比较试验可知，COD 的去除主要受生物系统操作条件影响，膜组件对出水水质的影响不明显。廖志民等[20]用 MBR 工艺对发酵类制药废水进行了研究，实验结果表明：当污泥质量浓度为 18 000～19 000 mg/L、HRT（水力停留时间）为 8 h 时，MBR 工艺对发酵类制药废水的处理效果较好，对 COD 和氨氮的去除率分别为 73% 和 93%。干建文等[21]采用膜生物技术对头孢类制药废水进行了试验研究，实验结果表明：头孢类废水厌氧出水经过 MBR 处理后，COD 质量浓度可从 3 500 mg/L 降至 350 mg/L 以下，去除率在 90% 以上，水力停留时间为 35 h。当温度控制在 22℃ 以上，污泥质量浓度控制在 6 000～10 000 mg/L 时，最佳运行时间内的污泥负荷平均在 0.27 kg/（kg·d），COD 容积负荷可达 216 kg/（m^3·d）。可见，膜生物技术有出水水质优质稳定、占地面积小、操作管理方便等优点，但是也存在膜的造价高、能耗高、寿命短，而且还容易产生膜污染等缺点。因此，寻找新型膜材料可作为今后重点研究的方向。

MBR 工艺相对于其他好氧处理技术在多种制药废水处理中，对抗生素及其他污染物（如布洛芬、对乙酰氨基酚、咖啡因等）的处理中均表现出较高的处理能力。MBR 技术由于微滤膜的截留作用，可以保证高的 MLSS 和低的剩余污泥产率，在 MBR 中实现了 HRT 和 SRT 的完全分离，其可以在任意体积的反应器内实现任意 SRT 的控制，长的 SRT 有利于对目标污染物具有专属降解特性的微生物的富集，因此可以实现比其他好氧处理工艺更好的处理效果，Tambosi 等[22]采用 MBR 工艺处理 3 种抗真菌剂（对乙酰氨基酚、酮洛芬和萘普生）和 3 种抗生素（罗红霉素、磺胺甲恶唑和甲氧苄啶），发现 MBR 可以有效实现目标污染物的去除，同时研究了 SRT 对污染物去除的影响，发现 SRT 为 30 d 条件下比 SRT 为 15d 条件下具有更高的污染物去除率。Shariati 等[23]采用 MBR 处理含对乙酰氨基酚废水，可实现对目标污染物 100% 的去除。Gobel 等[24]研究了磺胺类、大环内酯类和甲氧苄氨嘧啶在 2 个活性污泥系统和 1 个固定床生物膜系统和 MBR 系统中的去除率，研究发现 MBR 工艺优于两个其他系统。

对于其他好氧处理工艺，在保证 SRT 的条件下，同样可以实现对目标污染物较好的处理效率，Batt 等[25]发现硝化细菌对碘普胺和三甲氧苄二氨嘧啶的降解具有至关重要的作用，通过在常规活性污泥法中延长 SRT 使碘普胺的去除率从近于 0%提高至 61%，三甲氧苄二氨嘧啶的去除率也从 1%提高至 50%以上。Yu 等[26]采用延长 SRT 的生物处理方法对磺胺类和类固醇类抗生素的去除特性进行研究，研究发现 SRT 延长至 200 d 以上时，生物处理工艺呈现出对多种目标污染物的高去除率。Clara 等[27]对常规活性污泥和 MBR 处理特定药物、芳香族化合物以及内分泌干扰剂的废水进行了研究，发现这些污染物的去除取决于工艺的 SRT，常规活性污泥工艺在保证了 SRT 条件下可以实现与 MBR 接近的处理效果，微滤膜对污染物的截留作用不大，并认为反应器内交替变化的氧化还原环境对污染物的去除有利。在生物处理中增加 SRT 的作用主要是通过延长微生物在反应器内的停留时间，使本来世代周期长、繁殖能力差的专属微生物得以富集。MBR 工艺微滤膜的菌体截留能力，恰恰为这些目标污染物专属降解微生物的富集提供了条件。

4.3 组合生物处理技术

制药废水的水质特点决定了单独采用生化处理无法达到要求，所以在生物处理之前要进行预处理，必须设调节池，并且根据实际情况决定采取哪种具体方案，以准确地降低废水中的 SS 及部分 COD，减少废水中的生物物质，还有利于后期的处理。若水质要求较高时还应进行好氧处理达到处理效果。总的路线为预处理-厌氧-好氧-组合工艺，并包括水解吸附-接触氧过滤等综合处理废水技术，水质优于一级标准，都取得了很好的处理效果。

杨可成[28]采用水解酸化+UASB+SBR 工艺处理金黄色素废水，进水 COD 质量浓度为 2 800～16 500 mg/L，SS 的质量浓度为 600～1 550 mg/L，属高浓度制药废水，处理后的出水 COD 小于 100 mg/L，COD 去除率稳定在 95%以上。UASB-SBR 生化系统是很有代表性的厌氧-好氧组合工艺，其运行操作相对简单，运行费用合理，对于高含量制药废水的处理已形成较成熟的工艺控制参数。王现丽等[29]利用 UASB-CASS 工艺对河南某制药股份有限公司的一家中成药生产企业的废水进行了处理，实验结果表明：在进水 COD、BOD_5、SS 和色度分别为 4 075 mg/L、821 mg/L、534 mg/L 和 158 倍时，出水水质分别为 73 mg/L、15 mg/L、55 mg/L 和 40 倍，去除率分别为 98.2%、98.2%、89.7%和 74.7%。出水水质稳定并达到《污水综合排放标准》（GB 8978—1996）中一级标准的要求。

张彤炬等[30]采用水解酸化预处理、深井曝气法为主体工艺处理华北某制药厂的激素类制药废水，当进水 COD 质量浓度为 8 000～10 000 mg/L、BOD_5 为 4.8～6.0 mg/L、pH 为 4～6、氨氮的浓度约为 300 mg/L 时，出水 COD≤500 mg/L、BOD_5≤300 mg/L，出水水质可达到 GB 8978—1996 的三级标准要求。李亚峰等[31]采用预处理-UASB-A/O 工艺处理成分复杂的药物废水，出水 COD、BOD$_5$ 可满足《化学合成类制药工业水污染物排放标准》（GB 21904—2008）要求，预处理采用微电解技术，使 COD 得到有效的去除，并且提高了废水的可生化性，同时还有良好的脱色效果。石药中抗药业采用水解酸化-好氧氧化-接触氧化三段联合法，较好地解决了该药厂出水问题，COD、BOD 去除率均达到 90%以上。Oktem 等[32]采用升流式厌氧污泥床过滤器（UASBAF）与 SBR 组合工艺处理含巴氨西林和甲基磺酸氯苄青霉素的化学合成类抗生素废水，在进水 COD 负荷为 8.0 kg/（m³·d）条件下，最大 COD 去除率达到了 5.2 kg/（m³·d）。同时发现废水中抗生素未造成产甲烷速率的明显下降。

由于制药废水大多属于难降解工业废水，只有采用厌氧-好氧的组合处理工艺才能实现废水的达标排放，因此组合生物处理技术是该类废水处理的研究热点，以下将详细介绍几套组合生物技术的研究实例。

4.3.1　ABR-好氧颗粒污泥处理黄连素废水小试研究

4.3.1.1　ABR 预处理黄连素废水小试研究

ABR 是一种理想的多段分相、混合流态的处理工艺。它具有良好的生物分布和生物固体截流能力，对有毒物质适应性强，抗冲击负荷能力强，并且具有启动较快、运行稳定等多种优良性能。因此采用具有优越性能的 ABR 反应器作为厌氧段工艺对黄连素废水进行预处理实验，目的是研究厌氧折流板反应器预处理黄连素成品母液的可行性，考察 ABR 反应器运行效果的影响因素。该实验对进一步开展中试试验研究或黄连素废水的实际工程处理应用具有较高的参考价值。

（1）实验装置

本实验采用的 ABR 反应器由透明有机玻璃制成，长×宽×高为 610 mm×300 mm×430 mm，有效总容积为 30 L。反应器由 4 个格室组成，上流室和下流室宽分别为 90 mm 和 30 mm，折流板折起的角度为 45°，有利于水从底端进入上流室中心，使泥水混合更加均匀。每个隔室上下方各有一个取样口，分别用来取上清液和污泥，每个隔室顶部设有集气口。反应器外部缠有加热带，反应温度通过温控仪控制在 32℃±1℃。试验装置如图 4-1 所示。

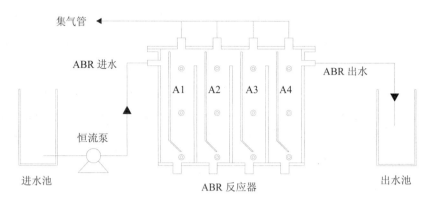

图 4-1　试验装置示意图

（2）ABR 启动实验

ABR 反应器接种污泥分别取自东北某制药厂污水处理厂两段式水解酸化池，启动阶段在 ABR 反应器进水采用葡萄糖为碳源的模拟废水中加入一定体积的黄连素成品母液，添加 NH_4Cl、KH_2PO_4 来补充细菌生长所需要的营养元素，控制 COD：N：P=200：5：1，投加一定量的 $NaHCO_3$ 作为缓冲剂调节进水 pH，进水 pH 控制在 5.0～8.0。同时投加 $CaCl_2$、$MgSO_4 \cdot 7H_2O$ 和 $FeSO_4 \cdot 7H_2O$ 等微量元素。

该阶段逐步提高进水中黄连素的质量浓度，考察不同黄连素负荷对 ABR 反应器运行状态的影响。ABR 反应器基本参数设置如表 4-1 所示。

表 4-1　ABR 反应器基本参数设置

1. 启动阶段				
时间/d	1	2～15	16～34	35～80
HRT/d	2	2	3	4
容积负荷/[kg COD/（$m^3 \cdot d$）]	1	2	0.25～0.5	0.75～1
进水黄连素质量浓度/（mg/L）	40	100	50	50
2. 黄连素负荷变化试验				
时间/d	81～109	110～125	126～154	155～175
HRT/d	2	3	3～4	4
进水黄连素质量浓度/（mg/L）	80	120	200	300

试验中在 ABR 反应器进水采用葡萄糖为碳源的模拟废水中加入一定体积的黄连素成品母液，COD 质量浓度在 3 000 mg/L 左右，黄连素质量浓度为 80 mg/L，进水 pH 为 6～7，平均污泥质量浓度（以 MLSS 计）为 15～18 g/L。在水温为 32℃，调整水力停留时间

（HRT）为 1 d、2 d、3 d、和 4 d，稳定运行后对折流式水解反应器各格室出水采样，测定黄连素与 COD。ABR 的试验参数如表 4-2 所示。

表 4-2　试验参数变化关系

进水流量/（mL/min）	20.8	10.4	6.9	5.2
HRT/d	1	2	3	4

反应器启动初期，COD 容积负荷为 2 kgCOD/（m³·d），黄连素浓度为 100 mg/L，随着反应器的运行，反应器内污泥质量浓度逐渐降低。运行至 15 d，A1～A4 四个格室的污泥质量浓度依次为 8 600 mg/L、10 900 mg/L、13 100 mg/L、4 520 mg/L（图 4-2）。究其原因，主要是进水中黄连素质量浓度偏高，使得污泥的黄连素负荷过高，对反应器内的微生物活性产生抑制作用，导致大量微生物失活，同时进水流速相对较大，使得大量的污泥由于水流冲刷流失。

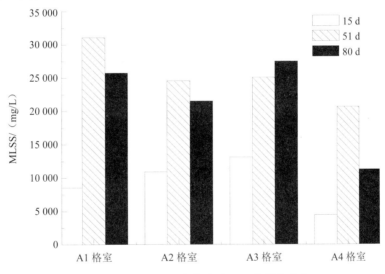

图 4-2　ABR 反应器各格室内污泥总量的变化

此后，调整反应器的运行状态，降低进水 COD 的容积负荷和黄连素浓度，HRT 调整为 4 d。随后污泥流失的现象有所好转，ABR 各个格室内污泥质量浓度逐渐升高，反应器运行至 51 d 各个格室的污泥质量浓度达到最大值，同时污泥的形态也发生了变化，出现了颗粒状污泥。这一现象说明，在降低 COD 负荷和进水黄连素浓度后，反应器内污泥逐渐适应了新的水质环境，并表现出了很好的代谢活性。此后，ABR 反应器 A1、A2、A3 格室的污泥浓度在小范围内有所波动，但是基本保持稳定，A4 格室的污泥浓度下降较为明显，运行至 80 d，每个格室污泥质量浓度分别为 25 840 mg/L、21 560 mg/L、27 500 mg/L、11 200 mg/L（图 4-3）。通过最后 30 d 的稳定运行，以及对反应器内污泥浓度的观察，表明 ABR 厌氧反应器启动成功。

pH 作为反应器控制工艺参数，一方面，可以通过反应器内的 pH 分布状况了解反应器的运行状况，初步判断反应器酸化完成情况；另一方面，可以用 pH 作为反应器的控制参数。根据反应器内 pH 的最低点调节进水碱度，是防止反应器过度酸化的有效途径。

在 ABR 反应器启动期间，其各个格室的 pH 变化如图 4-3（a）所示。启动完成后每个格室 pH 的变化见图 4-3（b）。

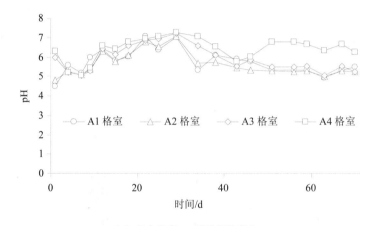

（a）各个格室 pH 随时间的变化

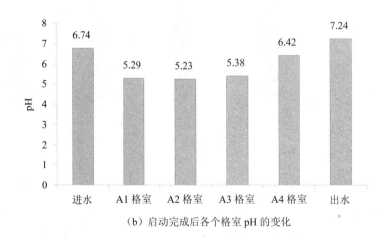

（b）启动完成后各个格室 pH 的变化

图 4-3　ABR 启动阶段 pH 的变化

ABR 反应器的前两个格室中以产酸作用为主，后段则是以产甲烷反应为主。前面两个格室内主要发生的是水解酸化反应，基质首先由不溶性大分子转化为可溶性小分子，然后再被产酸菌进一步降解，其主要产物为低分子脂肪酸如乙酸、丙酸、丁酸等。由于此阶段产酸进行得很快，致使基质 pH 迅速下降。此后，由于有机酸和溶解的含氮化合物进一步分解为氨、胺、碳酸盐和少量的 CO_2、CH_4、H_2，使氨态氮浓度升高，氧化还原电位降低，进而 pH 上升。pH 的变化为甲烷菌的活动创造了适宜的环境条件，有利于提高系统的稳定性和处理效果。

ABR 反应器在启动的前 51 d 对 COD 和黄连素的去除效果分别如图 4-4 和图 4-5 所示，ABR 反应器污染物浓度的沿程变化如图 5-6 所示。第一天以黄连素质量浓度为 40 mg/L 的进水将接种污泥浸泡 1 d，随后以进水黄连素质量浓度为 100 mg/L 开始启动 ABR 反应器，运行期间（第 2～12 天）反应器对 COD 和黄连素的去除效果逐渐下降，COD 去除率由 39.2% 降低至 14.2%，同时黄连素的去除率由 44.2% 降低到了 31.1%。因此，自第 15 天起调整启动策略，降低进水黄连素质量浓度至 50 mg/L，提高水力停留时间，降低 ABR 反应器的溶剂负荷，在 HRT 为 3～4 d 的条件完成反应器的启动。此段运行期间（第 15～51 天），出水中黄连素的质量浓度始终保持在 10 mg/L 以下，COD 的去除率则保持在 50% 上下。启动后期（第 40～51 天），出水 COD 和黄连素分别稳定在 1 500 mg/L 和 5 mg/L 左右，且运行稳定，因此 ABR 反应器的启动是成功的。

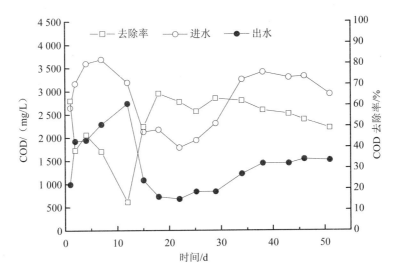

图 4-4　启动阶段 ABR 反应器对 COD 的去除效果

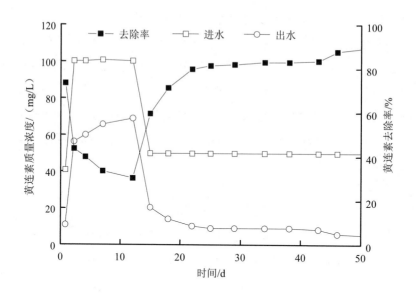

图 4-5　启动阶段 ABR 反应器对黄连素的去除效果

ABR 反应器达到稳定后，污染物质沿流程的变化趋势如图 4-6 所示。A1、A2 格室由于产酸菌的作用，黄连素被分解为小分子有机物，因此，在 A1、A2 格室黄连素浓度明显下降的同时，COD 的浓度并没有迅速下降。A3、A4 格室为产甲烷阶段，在这一阶段反应器 pH 逐渐上升，黄连素和 COD 浓度急剧下降，A3 格室黄连素质量浓度就降低到了 10.59 mg/L，A4 格室 COD 质量浓度降低到了 1 506 mg/L。

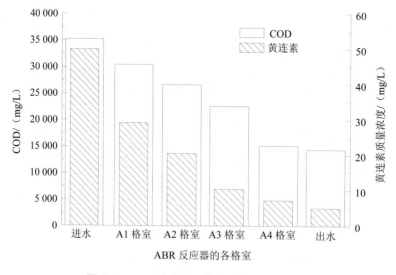

图 4-6　ABR 反应器污染物浓度的沿程变化

（3）不同运行阶段对污染物的去除效果

ABR 反应器处理以葡萄糖为共代谢基质的黄连素废水，进水 COD 质量浓度为 4 000 mg/L 左右、黄连素为 120～200 mg/L 时，反应器的运行效果最好，黄连素的去除率达到 90%左右（图 4-7）。

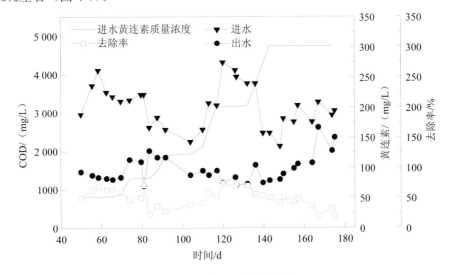

（a）HRT 对 COD 的去除效果

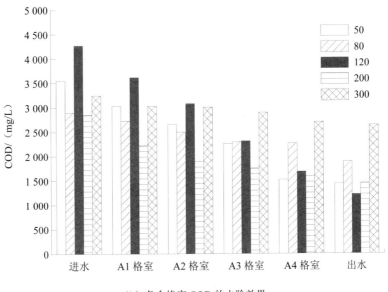

（b）各个格室 COD 的去除效果

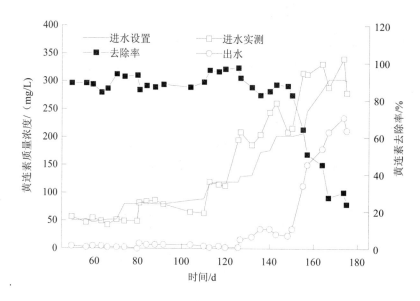

（c）ABR 对黄连素的去除效果

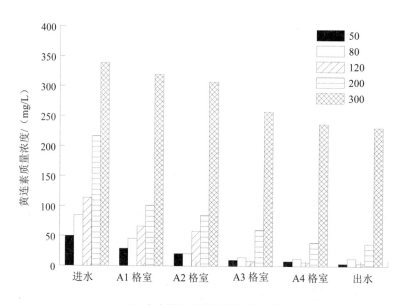

（d）各个格室对黄连素的去除效果

图 4-7　不同运行阶段对污染物的去除效果

（4）ABR 反应器污泥特性

反应器污泥外观呈红褐色和黑色，图 4-8 给出了不同阶段各格室 VSS、MLSS 的变化情况。各格室的 VSS、MLSS 基本先增大后减小，A2、A3 格室达到最大。进水黄连素质量浓度由 50 mg/L 提高至 80 mg/L 后，由于黄连素的负荷冲击，导致部分污泥的流失，A2、A3 格室 MLSS 明显降低。当进水黄连素质量浓度进一步提高至 120～200 mg/L 以后，由于适当增加了进水中葡萄糖的投加量，因此 A2、A3 格室 MLSS 迅速回升，说明此时微生物的活性较好，污泥的增值速度较高，有利于污染物的降解，此时各格室的污泥平均质量浓度分别为 26.7 g/L、27.68 g/L、16.8 g/L、9.93 g/L。进水黄连素质量浓度提高至 300 mg/L，A1 格室 MLSS 降低至 2.5 g/L 以下，此时 ABR 的出水质急剧恶化，黄连素的去除率最高只有 50.8%，主要由于黄连素负荷提高对感应器的冲击影响，同时可以说明 ABR 前两格室对降解黄连素具有重要作用。

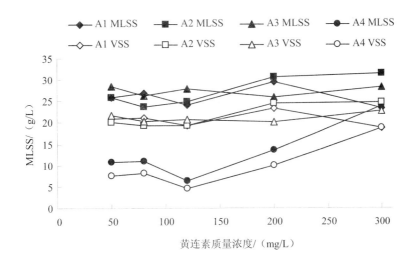

（a）不同黄连素负荷生物量的变化

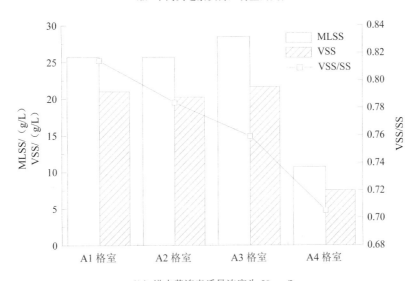

（b）进水黄连素质量浓度为 50 mg/L

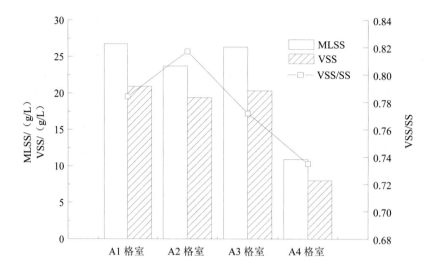

（c）进水黄连素质量浓度为 80 mg/L

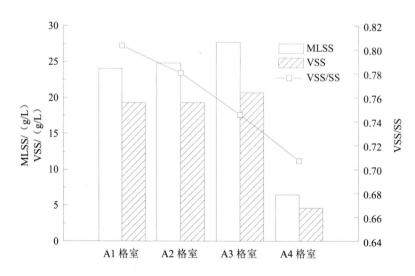

（d）进水黄连素质量浓度为 120 mg/L

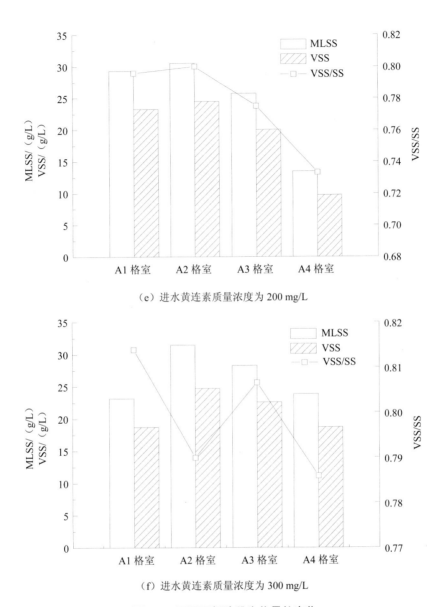

（e）进水黄连素质量浓度为 200 mg/L

（f）进水黄连素质量浓度为 300 mg/L

图 4-8　不同运行阶段生物量的变化

　　ABR 的特殊结构可使不同种群的厌氧微生物在不同的格室内生长，并使其呈现出良好的种群分布，实现处理功能的协调配合，有利于 ABR 的稳定运行。图 4-9 所示为黄连素进水质量浓度为 200 mg/L 时，各格室污泥的电镜扫描照片。由图可见，A1、A2 和 A3格室内主要以球菌和短杆菌为主，A4 格室则以丝状菌为主。研究表明，在 ABR 的第一个格室中以产丁酸菌为主，而在较后的格室中则以甲烷菌为主。这种微生物种群的逐室变化，使优势种群得以良好地生长，并使废水中污染物得到逐级转化并在各司其职的微生物种群作用下得到降解。

图 4-9　各格室污泥扫描电镜照片

（5）水力停留时间的影响

水力停留时间（HRT）对 ABR 的影响是通过升流区与降流区的水流速度来表现的。一方面，水力停留时间短，则水流速度高，而高的水流速度有利于导流区内水流的搅动，因而能增强反应区内污泥与废水中有机物的混合接触，有利于提高去除率；但水力停留时间过短，水流速度过大，反应器中的污泥就可能被水流冲刷出反应器，使反应器内不能保持足够的生物量，影响反应器的运行稳定性和高效性，同时水力负荷及有机负荷过大，会影响处理效果。另一方面，水力停留时间过长，会使反应器处理能力过剩。因此，有必要对水力停留时间对反应器运行特性的影响进行研究，以获得合理的水力停留时间。

图 4-10 为不同 HRT 下 COD 质量浓度和 COD 去除率随格室序号的变化。随着 HRT 的减小，各格室 COD 质量浓度逐渐增大，COD 去除率逐渐减小。停留时间为 1 d 时，各格室 COD 同比最高，COD 去除率最小，这是因为停留时间过短，ABR 反应器的有机负荷相应较高，不能及时降解有机物。HRT 为 2 d 时，COD 去除率的变化较为平缓，出水 COD 质量浓度在 1 800 mg/L 左右，COD 去除率为 34.73%。HRT 为 3 d 和 4 d 时，COD 质量浓度的变化曲线较为一致，曲线较陡，出水 COD 质量浓度在 1 500 mg/L 以下，COD 去除率在 50% 左右。由此可见，延长水力停留时间，ABR 各格室 COD 质量

浓度间的差值在逐渐减小，当 HRT 由 3 d 增加为 4 d 后，反应器对 COD 的去除率没有明显提高。说明，一味地提高水力停留时间无益于污染物质的降解，对于该反应器而言，HRT 为 3 d 即可达到最佳运行效果。

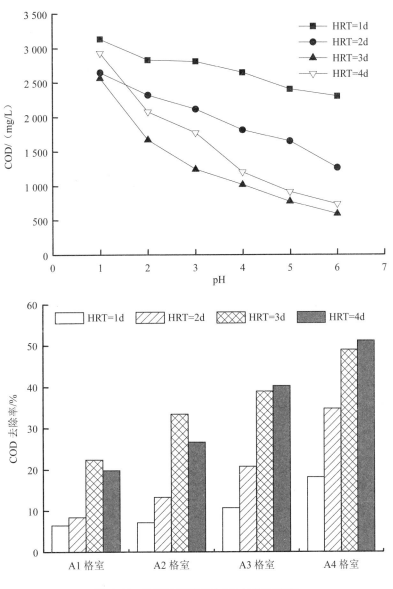

图 4-10　不同 HRT 下 COD 的沿程变化

试验过程中，在考察 HRT 对 COD 去除效果影响的同时，考察了不同 HRT 下各格室黄连素的去除效果，如图 4-11 所示。水力停留时间为 1 d 时，各格室对黄连素的去除率分别为 16.86%、27.12%、43.92% 和 55.55%。水力停留时间为 2 d、3 d 和 4 d 时，各格室黄连素的浓度变化基本一致，且对黄连素的去除率没有明显提高，因此当进水黄连素浓度为 80 mg/L、HRT 为 2 d 时，ABR 反应器的出水即可满足后续处理工艺的进水要求，此时 ABR 反应器各格室黄连素浓度分别为 50.67 mg/L、43.48 mg/L、23.94 mg/L 和 15.36 mg/L，各格室对黄连素的去除率分别达到 41.49%、49.79%、72.35%和 82.26%。

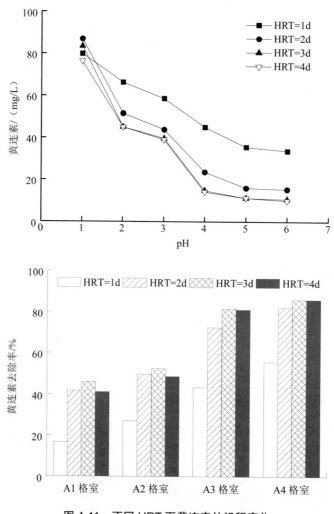

图 4-11　不同 HRT 下黄连素的沿程变化

因此，综合考虑不同 HRT 下，ABR 反应器对 COD 和黄连素的去除效果，在 HRT 为 2 d 时，即可满足后续处理工艺的进水要求。

（6）小结

①ABR 反应器在 HRT 为 4 d、黄连素质量浓度为 50 mg/L 的运行方式下成功启动，稳定后每个格室平均 MLSS 分别为 25 840 mg/L、21 560 mg/L、27 500 mg/L、11 200 mg/L。

②ABR 处理以葡萄糖为共代谢基质的黄连素废水,进水 COD 质量浓度在 4 000 mg/L 左右、黄连素为 120~200 mg/L 时,反应器的运行效果最好,黄连素的去除率达到 90% 左右,此时各格室的污泥平均质量浓度分别为 26.7 g/L、27.68 g/L、16.8 g/L、9.93 g/L。

③ABR 反应器的前两个格室中以产酸作用为主,后段则是以产甲烷反应为主。黄连素的降解主要集中在 ABR 反应器的前两格室,即产酸反应为降解黄连素的主要反应。

④在 HRT 为 2 d 时,出水 COD 质量浓度在 1 800 mg/L 左右,各格室对黄连素的去除率分别达到 41.49%、49.79%、72.35% 和 82.26%,基本可以满足后续处理工艺的进水要求。

4.3.1.2　好氧颗粒污泥处理技术小试研究

自 20 世纪 90 年代初在 SBR 反应器内发现好氧颗粒污泥以来,因其具有致密的结构、优异的沉降性能、多样化微生物菌群富集共存与协同偶合等特征,已成为废水生物处理领域的研究热点之一。尽管如此,在降解有毒有机物好氧污泥颗粒化方面的研究还相对薄弱。本研究以三种不同进水(易降解、含有毒有机物和厌氧出水)对比研究好氧污泥颗粒化的可行性及其过程特性。

(1)实验装置

实验在圆柱形序批式生物反应器(Sequencing Batch Reactor,SBR)中进行,内部直径为 6 cm,高为 100 cm,高径比为 16∶1,有效容积为 2.8 L,排水口在距离底部 50 cm 处,进水、进气以及曝气装置均在底部完成,反应器构型见图 4-12。反应器的运行环节由进水、曝气、沉淀、排水四部分组成,运行周期,循环运行各阶段的自动控制由可编程时间控制器来完成。

图 4-12　好氧颗粒污泥实验验装置实物图

实验同时启动三个 SBR 反应器,分别为 R1、R2 和 R3。R1 接种活性污泥取自生活污水处理厂;R2 接种污泥取自试验室培养好氧颗粒污泥;R3 接种污泥取自东北某制药厂污水处理中心,该中心主要处理对象为制药厂生活污水和生产车间的工段排放水。工艺采用两级水解+好氧组合工艺,水量上以生活污水为主。接种污泥的性质如表 4-3 所示。

表4-3 接种污泥基本理化指标

反应器	粒径/μm	SVI/(mL/g)	(MLVSS/MLSS)/%	MLSS/(mg/L)
R1	51.63	102.4	29	2 147
R2	203.54	53.38	75	5 620
R3	146	120	65	6 140

R1、R2 和 R3 的进水基质分别为醋酸钠配制营养液、醋酸钠+黄连素模拟水和 ABR 的出水,三种进水的成分如表 4-4 所示。本实验将 R1 和 R3 接种污泥的起始沉淀时间都设定为 20 min。随后根据各反应器内污泥的沉降性能的变化,不断缩短沉淀时间,以强化对沉降性能较好污泥的选择性,使得沉降性能好的泥留下来,沉降性能较差的污泥排出。稳定后,最终单循环内各部分运行操作的时间为:进水 5 min、曝气 225 min、沉淀 5 min、排水 5 min。R3 启动运行的最初 7 d,进水采用的是醋酸钠配制营养液,主要目的是利用易生物降解基质培养活性污泥,提高其生物活性。R2 单循环内各部分运行操作的时间始终为:进水 5 min、曝气 225 min、沉淀 5 min、排水 5 min。R1、R2 和 R3 均由底部进水,中部排水,排水交换率为 50%。曝气量为 240 L/h,即表面气速为 2.36 cm/s。R1、R2、R3 的运行参数如表 4-5 所示。

表4-4 合成废水组成   单位:mg/L

成 分	R1	R2	R3
COD(醋酸钠和醋酸缓冲溶液)	2 000	2 000	1 500~2 000
NH_4Cl	200	20	—
KH_2PO_4	35	35	—
$CaCl_2 \cdot 2H_2O$	30	30	—
$MgSO_4 \cdot 7H_2O$	25	25	—
$FeSO_4 \cdot 7H_2O$	20	20	—
黄连素	—	10~15	10~60

表 4-5　SBR 反应器运行参数设置

反应器	周期运行时间/min	进水/min	曝气/min	沉淀/min	排水/min	表面气速/(cm/s)
R1	240	5	200～225	5～30	5	2.4
R2	240～480	5	440～465；225	5～20	5	2.4
R3	360	5	320～345	5～30	5	2.4

（2）颗粒化过程污染物去除效果分析

图 4-13 显示了 R1、R2 和 R3 内污泥颗粒化过程进出水 COD 浓度的变化。

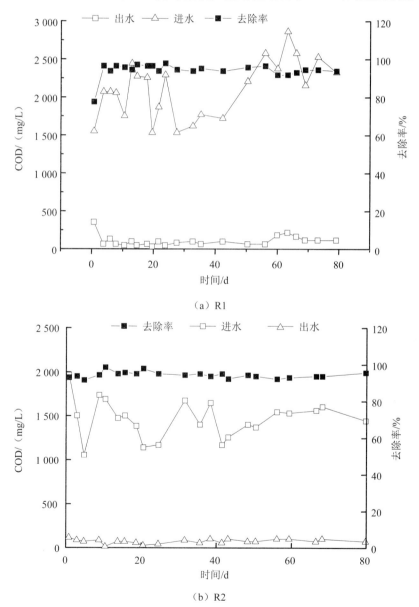

（a）R1

（b）R2

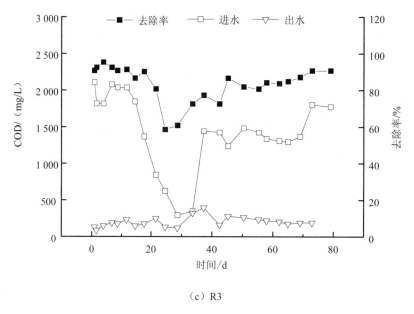

（c）R3

图 4-13　颗粒化进程中 COD 去除效果

R1 进水基质为醋酸钠配制的营养液，启动 1 d，COD 的去除率为 78.4%，从第 4 天开始 COD 的去除率始终维持在 95% 左右，尽管进水 COD 质量浓度有一定的波动，但是并没有影响系统对 COD 的去除效果。

R2 进水基质为醋酸钠+黄连素的模拟废水，在整个颗粒化进程中出水 COD 质量浓度在 100 mg/L 以下，COD 去除率基本稳定。

R3 进水基质 ABR 厌氧反应器出水，进水 COD 负荷在 0.85～6.28 g/（L·d），出水 COD 始终低于 385.2 mg/L，在好氧颗粒污泥成熟稳定后，出水 COD 平均为 171.1 mg/L，平均去除率为 90.47%，说明好氧颗粒污泥系统能够很好地承受进水 COD 波动。

R3 内好氧颗粒污泥成熟稳定后，即反应器启动后 80 d，对 COD 和黄连素周期内的降解情况做了测试。由图 4-14 可知，进水 COD 浓度在反应的前 2 h 急剧下降，随后降解速率趋于平缓。黄连素与 COD 的降解趋势基本保持一致，不同的是黄连素的降解拐点出现在反应进行 1 h 后。其原因是，在反应进行初期好氧颗粒污泥的生物吸附和生物氧化作用协同作用的结果，随着时间的延长，反应进行至后期吸附饱和后，唯有生物氧化作用在降解有机物，因此降解速率相对较缓慢。一个好氧反应周期结束后，出水中黄连素质量浓度为 3.88 mg/L，ABR-好氧颗粒污泥工艺对黄连素的总去除率为 92.24%。

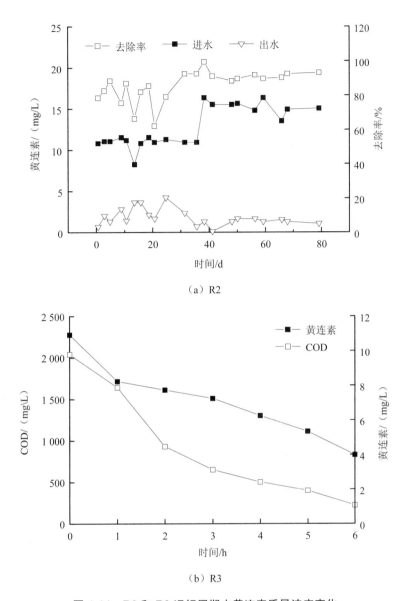

（a）R2

（b）R3

图 4-14 R2 和 R3 运行周期内黄连素质量浓度变化

（3）小结

① R1、R2 和 R3 内均成功培养出好氧颗粒污泥。以 ABR 反应器出水为营养物，成功培养出粒径在 2～10 mm、沉降速率为 104～137 m/h、沉降性能优良的好氧颗粒污泥。

②该组合工艺，进水的 COD 质量浓度为 3 000～4 000 mg/L，出水的 COD 质量浓度为 168.4～271 mg/L，系统总的去除率保持在 90%～95%，进水黄连素质量浓度为 50 mg/L，出水中黄连素质量浓度为 3.88 mg/L，ABR-好氧颗粒污泥工艺对黄连素的总去除率为 92.24%。

4.3.2 水解酸化/UASB-接触氧化处理磷霉素废水小试研究

4.3.2.1 实验方法

小试实验采用的水解酸化-接触氧化反应器如图 4-15 所示，水解酸化反应器有效容积为 18 L，采用弹性材料填料，采用搅拌器混合并加装保温装置。缓冲装置容积 10 L。接触氧化池反应器有效容积为 10 L，采用多孔活性悬浮材料，未添加保温装置。接触氧化池反应器中曝气量为 200 L/h，反应器运行期间随排水自然排泥。

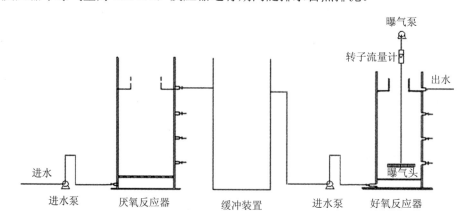

图 4-15 水解酸化-接触氧化反应器结构图

磷霉素废水取自辽宁某制药厂的磷霉素生产车间，废水水质见表 4-6。实验用水由自来水与葡萄糖和磷霉素废水配制而成模拟废水，其水质见表 4-7，平均 COD 质量浓度为 2 000 mg/L。N 由氯化铵配制，不加外界磷源，同时投加 $CaCl_2$、$MgSO_4 \cdot 7H_2O$、$FeSO_4 \cdot 7H_2O$ 等补充微量元素。实验接种污泥取自辽宁某制药厂污水处理厂的好氧池。反应器初始污泥浓度为 3 000 mg/L。水解酸化-接触氧化反应器的运行条件如表 4-8 所示。

表 4-6 磷霉素制药废水水质

水质指标	pH	COD	TP	PO_4^{3-}-P	OP	TN	NH_4^+-N
质量浓度/（mg/L）	12～13	20 万～30 万	3 万～4 万	～50	3 万～4 万	～500	～50

表 4-7 实验用水水质

水质指标	pH	COD	TP	PO_4^{3-}-P	OP	TN	NH_4^+-N
质量浓度/（mg/L）	5～6	2 000	5～10	～5	5～10	～50	～5

表 4-8　水解酸化-接触氧化运行条件

天数/d	水解酸化 HRT/h	接触氧化 HRT/h	进水 COD/（mg/L）	TP/（mg/L）
1～5	48	24	2 000	5
6～13	48	24	2 000	5
14～25	96	48	2 000	5
26～34	24	12	2 000	10

4.3.2.2　污染物去除效果

图 4-16 为水解酸化-接触氧化工艺对废水中的 COD 去除曲线。从图中可以看出，当进水 COD 平均值在 2 000 mg/L 时，反应器接种污泥运行 30 d，出水 COD 在 100～300 mg/L，去除率在 80%以上，达到了多数化学合成类制药企业执行的《污水综合排放标准》（GB 8978—1996）中的二级标准。这主要因为水中有机物来源于葡萄糖，微生物能够较容易地将其降解，同时废水中的磷霉素也被部分降解，从而使 COD 下降。这个结果也说明水解酸化-接触氧化工艺中的微生物对磷霉素钠的耐受程度可以达到 20 mg/L。

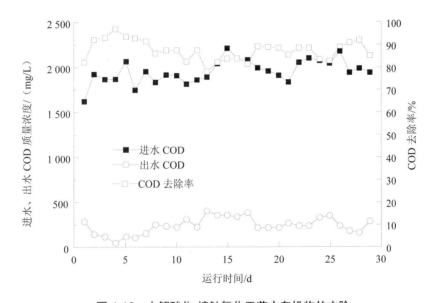

图 4-16　水解酸化-接触氧化工艺中有机物的去除

图 4-17、图 4-18、图 4-19 分别为反应器运行期间总磷、有机磷和无机磷的变化。可以看出，0～10 d，进水有机磷为 5 mg/L，反应器出水有机磷呈逐渐升高的趋势，这是因为污泥处于驯化阶段，污泥中吸附的有机磷逐渐释放出来。10～20 d，污泥驯化完成后，有机磷的去除率逐渐趋于稳定状态，其平均值为 34.5%。当进水有机磷增加为

10 mg/L 后，有机磷的去除率呈上升趋势，其平均值为 64.7%，表明污泥的运行状态良好。废水中的磷霉素逐渐被微生物分解，有机磷被转化为无机磷，一部分作为微生物自身所需的营养物质而吸收，另一部分存在于污泥中或随出水排出。运行过程中，出水中的无机磷质量浓度低于 1 mg/L。主要因为进水的有机磷进水质量浓度较低，有机磷转化产生的无机磷基本被污泥利用了。

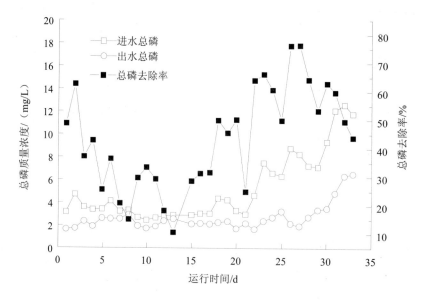

图 4-17　水解酸化-接触氧化工艺中总磷的去除

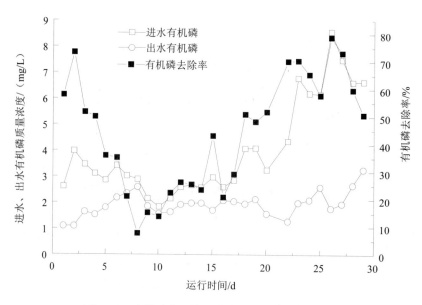

图 4-18　水解酸化-接触氧化工艺中有机磷的去除

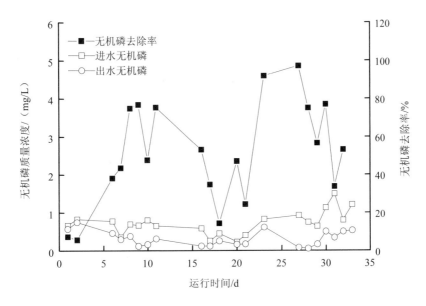

图 4-19 水解酸化-接触氧化工艺中无机磷的去除

4.3.2.3 接触氧化池中填料的挂膜

运行过程中接触氧化池中填料的挂膜情况如图 4-20、图 4-21 所示。在反应运行的前 9 d，填料挂膜的波动非常大，这是因为在进水磷霉素的毒性作用下，污泥中部分微生物死亡菌体分解以及新固定在填料上的细菌挂膜交替进行。10~15 d，污泥驯化基本完成，填料挂膜的量稳定在 0.005 g/个；15~25 d，随着微生物对磷霉素耐受性的增加，填料的挂膜量增加到 0.02 g/个。反应器运行 25 d 后，进水有机磷从 5 mg/L 增加到 10 mg/L，填料的挂膜量仍呈增加的趋势。

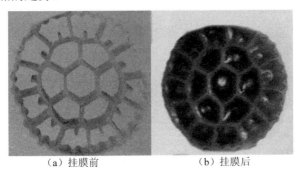

（a）挂膜前   （b）挂膜后

图 4-20 接触氧化池中填料挂膜的情况

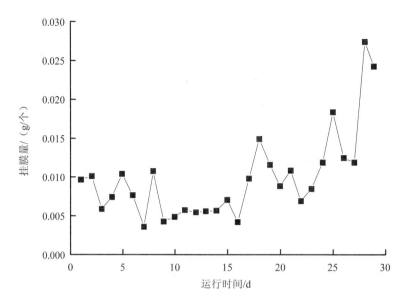

图 4-21　接触氧化池中填料挂膜的变化

4.3.2.4　小结

1）采用水解酸化-接触氧化工艺处理磷霉素废水，反应器启动 10 d，污泥的驯化基本完成，通过增加进水有机磷的浓度来增强污泥对有机磷的去除能力，在运行过程中，出水水质稳定，COD 去除率可达 80%以上。

2）有机磷的进水从 5 mg/L 增加到 10 mg/L，有机磷的去除率从 34.5%增加到 64.7%，出水有机磷质量浓度维持在 5 mg/L 以下，无机磷质量浓度维持在 1 mg/L 以下。

4.3.3　UASB-MBR 处理制药废水小试研究

4.3.3.1　UASB-MBR 组合工艺图

图 4-22 为试验采用的 UASB-MBR 组合工艺流程图，组合工艺分为厌氧段和好氧段，厌氧段采用 UASB 工艺，反应器有效容积为 120 L。好氧段为两个改进型 MBR 反应器：好氧颗粒污泥膜生物反应器（Activated Granular Sludge Membrane Bioreactor，AGMBR）和移动床膜生物反应器（Moving Bed Membrane Bioreactor，MBMBR）。

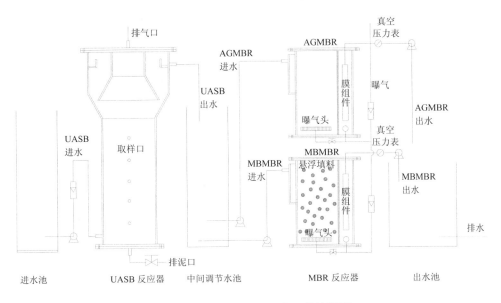

图 4-22　UASB-MBR 组合工艺流程图

AGMBR 有效容积为 60 L，其间由穿孔板将反应器分为主反应区和膜分离区，体积比为 4∶1，主反应器底部安装微孔曝气盘为主反应区内生化反应供氧。膜分离区内安装穿孔管，提供大气泡高流量的曝气，在膜分离区内形成强水力湍动力，控制膜污染的同时，为反应器内好氧颗粒污泥的形成和维持提供剪切力。膜分离区内放置两片聚偏氟乙烯（PVDF）中空纤维膜，单片膜面积为 0.15 m²，膜孔径为 0.4 μm，额定膜通量为 10.0 L/（m²·h）。反应器采用连续流运行方式。反应器设计水力停留时间为 24 h，主反应区充氧曝气量为 160 L/h，表观上升气速为 0.049 cm/s，膜分离区曝气量为 600 L/h，表观上升气速为 0.56 cm/s。运行期间除取样测定外反应器不排泥。

MBMBR 结构与 AGMBR 一致，不同的是主反应区中投加 Anox Kaldnes^{TM} K3 悬浮填料，填料有效比表面积为 500 m²/m³，填充比为 60%。其余操作条件均与 AGMBR 相同。

UASB 和 MBR 接种污泥取自东北某制药厂污水处理厂水解酸化池和好氧池。试验选取黄连素作为主要目标污染物，在葡萄糖模拟废水中添加不同质量浓度的黄连素，采用微生物共代谢方式处理模拟黄连素废水，此外，按实际废水氮、磷浓度添加氮、磷等营养元素，同时投加 Ca^{2+}、Mg^{2+}、Fe^{3+} 等微量元素，废水水质见表 4-9。模拟废水中黄连素质量浓度为 75～375 mg/L，考察组合工艺在不同进水黄连素质量浓度下的污染物去除效果。

表 4-9　UASB-MBR 组合工艺进水水质　　　　　　　　　　单位：mg/L

水质指标	COD	黄连素	NH$_4^+$-N	TN	TP
模拟黄连素废水	1 717～4 393	64.4～390.3	91.8～158.7	106.7～182.9	14.5～42.5

4.3.3.2　UASB-MBR 的处理效果

图 4-23 为不同进水黄连素浓度条件下 UASB-MBR 组合工艺的 COD 去除曲线，从图中可以看出随着废水中黄连素浓度的增加，UASB 出水 COD 逐渐升高，MBR 反应器出水 COD 基本稳定在 100 mg/L 以下。

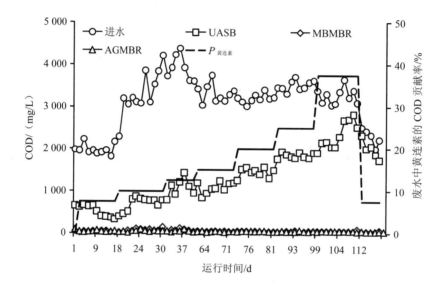

图 4-23　UASB-MBR 组合工艺中 COD 的去除

在进水黄连素质量浓度分别为 75 mg/L、100 mg/L、125 mg/L、150 mg/L、200 mg/L、250 mg/L 和 375 mg/L 条件下，平均进水 COD 分别为 1 971 mg/L、2 942 mg/L、3 888 mg/L、3 288 mg/L、3 194 mg/L、3 508 mg/L、3 259 mg/L，UASB 出水 COD 分别为 544 mg/L、621 mg/L、1 016 mg/L、1 048 mg/L、1 445 mg/L、1 845 mg/L、2 336 mg/L，COD 去除率从 79%下降至 28%。

在进水黄连素质量浓度为 75～250 mg/L 条件下，每次提高进水黄连素质量浓度，UASB 内均出现 pH 下降、产气量减少、混合变差的现象，是 UASB 内微生物活性受抑制的表现。随着反应器的运行，UASB 内产气活性逐渐恢复，出水 COD 也略有下降，说明 UASB 中微生物可通过一定时间的驯化后对黄连素产生适应和耐受性。而当进水黄连素质量浓度增加至 375 mg/L 条件下，UASB 反应器出现明显的酸化现象，产甲烷作用基本停止，此时，即使进水对 UASB 进行降负荷（COD 负荷和黄连素负荷）处理，反应器处理效果也较难在短期内恢复，说明 UASB 中微生物稳定的种群结构遭到了严重的破坏。因此，本实验条件下，UASB 可承受的最大进水黄连素质量浓度为 250～375 mg/L。

随着 UASB 出水 COD 的升高，AGMBR 和 MBMBR 出水 COD 变化不大。进水黄连素质量浓度为 75～375 mg/L 条件下，AGMBR 出水 COD 由 41.3 mg/L 增加至 55.6 mg/L，MBMBR 出水 COD 由 40.6 mg/L 增加至 50.6 mg/L，MBMBR 处理效果略优于 AGMBR。可见，AGMBR 和 MBMBR 均具有对高有机负荷率耐受性和耐冲击的特点，即使在 UASB 出现明显酸化、处理能力受严重损失条件下，AGMBR 和 MBMBR 也均可保证高浓度有机物的有效处理，保证了系统出水的稳定性。在最高进水黄连素质量浓度 375 mg/L 条件下，组合工艺 COD 去除率在 98% 以上。

图 4-24 是不同进水黄连素浓度的条件下 UASB-MBR 组合工艺对黄连素去除情况。从图中可以看出，在进水黄连素质量浓度为 75～375 mg/L 条件下，UASB-MBR 组合工艺可实现废水中黄连素的有效去除，出水黄连素质量浓度稳定在 1.0 mg/L 以下。

在平均进水黄连素质量浓度为 75～375 mg/L 条件下，UASB 出水黄连素分别为 0.71 mg/L、1.45 mg/L、3.08 mg/L、7.25 mg/L、12.4 mg/L、22.5 mg/L、139.2 mg/L，进水黄连素质量浓度为 75～250 mg/L 时，UASB 中黄连素的去除率在 95% 以上，AGMBR 和 MBMBR 出水黄连素均保持在 1.0 mg/L 以下，组合工艺对黄连素的去除率在 99% 以上。

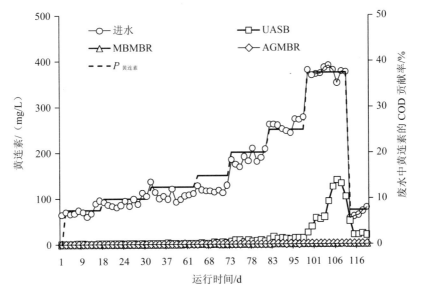

图 4-24　UASB-MBR 组合工艺中黄连素的去除

结合 COD 的去除可以看出，UASB-MBR 对黄连素的去除率明显高于对 COD 的去除率，特别是在 UASB 中，随着进水黄连素质量浓度增加到 250 mg/L，COD 去除率下降至 53%条件下，组合工艺对黄连素去除率仍然可以维持在 90%以上。污染物的厌氧降解过程主要分为水解、产酸和产甲烷三个过程，水解作用主要通过微生物分泌的胞外酶在微生物体外完成，而产酸和产甲烷过程分别由产酸菌和产甲烷菌完成，水解过程和产酸过程对 COD 去除的贡献不大，有机物的去除主要通过产甲烷过程中甲烷化和矿化作用实现；而黄连素的降解只需也只能在水解过程或/和产酸过程中完成，产酸菌对毒物敏感性差，因此在产甲烷菌活性明显受抑制的条件下，UASB 仍可通过水解酸化的作用实现黄连素的高效去除。

该研究中，随着 UASB 出水黄连素从 0.71 mg/L 升高至 139.2 mg/L，AGMBR 出水黄连素由 0.27 mg/L 升高至 1.47 mg/L，MBMBR 出水黄连素由 0.27 mg/L 升高至 1.00 mg/L。AGMBR 和 MBMBR 保证了组合工艺最终黄连素去除率在 99%以上。

氮的去除主要通过 MBR 实现。从图 4-25 可以看出，UASB 出水 NH_4^+-N 比进水略有升高，黄连素为含杂氮原子的有机化合物，在 UASB 中黄连素被降解而其中的杂氮原子被氧化分解为 NH_4^+-N 从而造成出水 NH_4^+-N 升高。在进水黄连素质量浓度分别为 75~375 mg/L 条件下，UASB 反应器出水 NH_4^+-N 平均升高 3.9~8.1 mg/L，可以推断，进水中 70%以上的黄连素在厌氧条件下被降解、氨化。

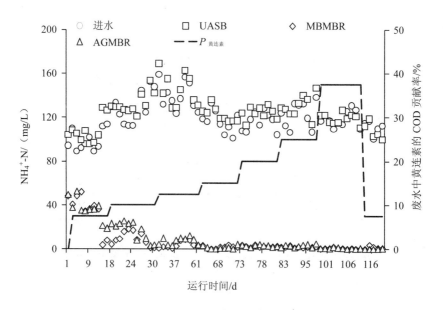

图 4-25　UASB-MBR 组合工艺中 NH_4^+-N 的去除

从图 4-25 可知，组合工运行之初，AGMBR 和 MBMBR 出水 NH_4^+-N 逐渐降低，分别由 40.8 mg/L 和 38.7 mg/L 下降至 1.95 mg/L 和 2.42 mg/L，AGMBR 和 MBMBR 系统中微滤膜可以将世代周期较长的硝化细菌截留在反应器中，从而保证其不断增殖，系统硝化效果逐渐增强。在进水黄连素质量浓度为 150～375 mg/L，平均进水 NH_4^+-N 质量浓度分别为 144 mg/L、123 mg/L、115 mg/L、120 mg/L 条件下，AGMBR 和 MBMBR 平均出水 NH_4^+-N 质量浓度均维持在 3.0 mg/L 以下。组合工艺可实现废水中 NH_4^+-N 最高去除率 98%以上。AGMBR 和 MBMBR 进水黄连素在 139.2 mg/L 以下时，进水中高质量浓度黄连素的存在对系统硝化效果无明显抑制作用。

4.3.3.3　USAB-MBR 组合工艺中的微生物相组成

随着进水黄连素浓度的升高，AGMBR 中呈现明显的颗粒化过程。在进水黄连素低于 1.45 mg/L 时，AGMBR 活性污泥结构松散，且污泥中有大量后生动物（轮虫为主）存在（图 4-26，AGMBR day 5）。随着进水黄连素升高至 3.08 mg/L，AGMBR 中絮体污泥数量减少，多数污泥发生聚集（图 4-26，AGMBR day 60）。当进水黄连素升高至 7.25 mg/L，污泥聚集体进一步增大，3 d 内迅速完成颗粒化过程，平均粒径从不足 0.1 mm 增大至 1.0 mm 左右。随着黄连素浓度的升高，AGMBR 中污泥维持了颗粒状态（图 4-26，AGMBR day 90）。

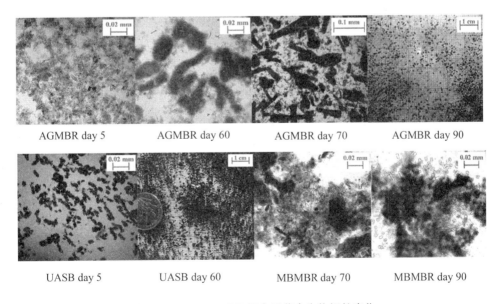

图 4-26　UASB-MBR 组合工艺中生物相的变化

UASB 中污泥也从絮体形态逐渐变为厌氧颗粒（图 4-26，UASB day 5、day 80）。MBMBR 中生物膜和絮体污泥呈现相似的表观特性，随着进水黄连素的增加，MBMBR 中后生动物（图 4-26，MBMBR day 5）大量减少，原生动物（钟虫，图 4-26，MBMBR day 80）数量增加，结合 AGMBR 中生物相的变化，可以推断黄连素对后生动物（轮虫）有明显的毒害作用。

4.3.3.4　黄连素降解的动力学

（1）黄连素的厌氧降解动力学

图 4-27 为不同黄连素初始浓度条件下，24 h 内黄连素的降解情况。

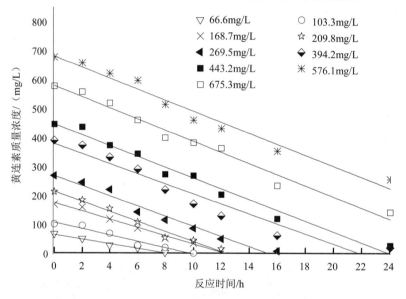

图 4-27　不同黄连素初始质量浓度下厌氧颗粒污泥对黄连素的降解（MLSS=2.13 g/L）

从图中可以看出，不同黄连素质量浓度下黄连素的降解过程基本呈现线性关系，在黄连素初始质量浓度低于 400 mg/L 的条件下，24 h 内黄连素的降解率可以达到 90% 以上，在初始黄连素质量浓度低于 400 mg/L 的条件下，最终黄连素质量浓度的升高黄连素降解曲线的斜率有增大趋势，可见该条件范围内下黄连素的降解速率随着黄连素质量浓度的增加而增大。当初始黄连素质量浓度大于 400 mg/L 时，黄连素的降解速率变化不明显。

采用零级反应动力学方程对试验结果进行拟合，计算各初始黄连素质量浓度下的比降解速率。利用 Origin 8.0 软件并采用 Haldane 抑制模型：

$$v = v_{max} / (K_s/S + S/K_i)$$

式中，v——黄连素的比降解速率，mg/（gMLSS·h）；

　　v_{max}——黄连素的最大比降解速率，mg/（gMLSS·h）；

　　S——初始黄连素质量浓度，mg/L；

　　K_s——饱和常数，mg/L；

　　K_i——抑制常数，mg/L。

对不同黄连素初始质量浓度条件下，黄连素厌氧比降解速度的变化进行非线性拟合（图 4-28），可以求得黄连素厌氧降解的 v_{max}=69.0 mg/（gMLSS·h），饱和常数 K_s=1 416.2 mg/L，抑制常数 K_i=115.5 mg/L。试验结果与模型计算结果具有较好的拟合度。

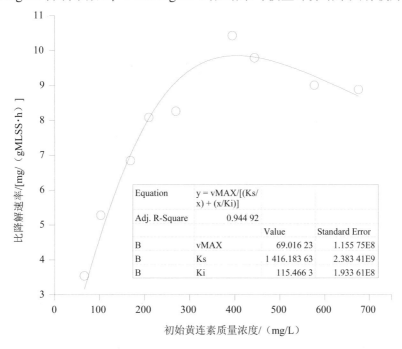

图 4-28　厌氧条件下黄连素的比降解速率与黄连素初始质量浓度的关系

拟合结果显示，厌氧条件下，黄连素的比降解速率最大值为黄连素初始质量浓度，为 404.8 mg/L。该条件下，黄连素的比降解速率为 9.85 mg/（gMLSS·h）。

（2）黄连素的好氧降解动力学

分别对 AGMBR 好氧颗粒污泥、MBMBR 生物膜和 MBMBR 絮体污泥进行黄连素降解的批次试验。

图 4-29、图 4-30 和图 4-31 分别为不同黄连素质量浓度下，AGMBR 好氧颗粒污泥、MBMBR 絮体污泥和生物膜对黄连素降解曲线。从图中可以看出，AGMBR 好氧颗粒污泥、MBMBR 絮体污泥和生物膜对黄连素的降解过程均呈现线性变化特征。在初始黄连素质量浓

度低于 200 mg/L 的条件下，随着黄连素质量浓度的升高，黄连素的降解速率呈明显升高趋势，大于 200 mg/L 的条件下黄连素的降解速率略有下降。

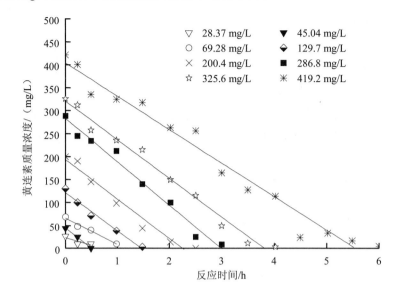

图 4-29　不同黄连素质量浓度条件下 AGMBR 中好氧颗粒污泥对黄连素的降解

（MLSS=3.35 g/L）

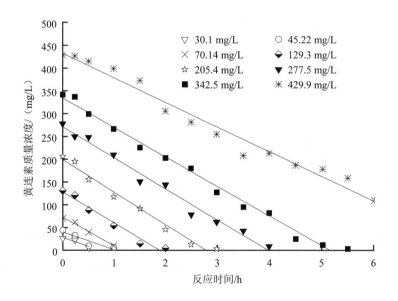

图 4-30　不同黄连素初始质量浓度条件下 MBMBR 中絮体污泥对黄连素的降解

（MLSS=2.10 g/L）

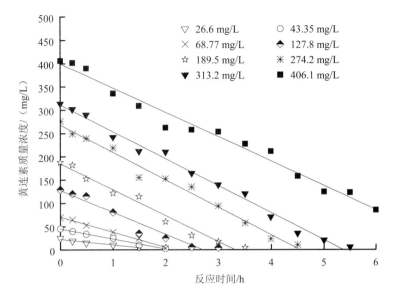

图 4-31 不同黄连素初始质量浓度条件下 MBMBR 中生物膜对黄连素的降解

（MLSS=2.50 mg/L）

分别采用零级反应动力学方程对黄连素好氧降解过程进行拟合，并求出不同好氧系统在不同黄连素质量浓度条件下的比降解速率。采用 Haldane 抑制模型，并利用 Origin 8.0 对 3 个好氧微生物体系中黄连素比降解速率与初始黄连素质量浓度的关系进行描述，结果见图 4-32。

通过模型拟合，求得好氧颗粒污泥黄连素降解的 v_{max}=120.8 mg/（gMLSS·h），饱和常数 K_s=404.3 mg/L，抑制常数 K_i=97.8 mg/L。

MBMBR 絮体污泥降解黄连素的 v_{max}=134.2 mg/（gMLSS·h），饱和常数 K_s=320.1 mg/L，抑制常数 K_i=74.4 mg/L。

MBMBR 生物膜降解黄连素的 v_{max}=118.5 mg/（gMLSS·h），饱和常数 K_s=510.8 mg/L，抑制常数 K_i=113.1 mg/L。

拟合结果显示，好氧颗粒污泥、絮体污泥和生物膜对黄连素的最大比降解速率分别为黄连素初始质量浓度在 199.0 mg/L、156.3 mg/L 和 242.0 mg/L 时。在该条件下，黄连素的比降解速率分别为 29.7 mg/（gMLSS·h）、32.3 mg/（gMLSS·h）和 27.8 mg/（gMLSS·h）。

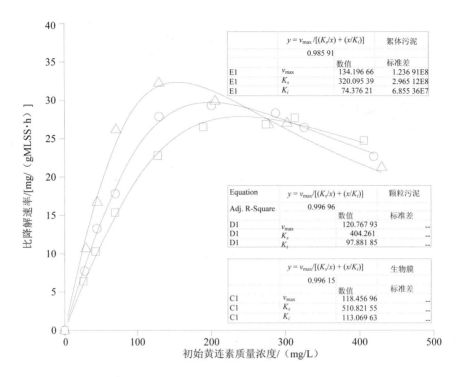

图 4-32　好氧条件下黄连素的比降解速率与黄连素初始质量浓度的关系

　　从结果可以看出，3 个好氧微生物体系中，絮体污泥的黄连素最大比降解速率最高，抑制常数最大；MBMBR 生物膜的黄连素比降解速率最低，抑制常数最小。而好氧颗粒污泥介于两者之间。絮体污泥结构松散，底物及 O_2 的传质均较好，因此具有较高的黄连素比降解速率；但同时，较好的传质也造成絮体污泥菌体更容易接触到黄连素，因此其活性比生物膜和好氧颗粒污泥容易受到抑制。生物膜相对致密的结构可以有效抵御黄连素的抑制作用，但相比于絮体污泥而言，底物及 O_2 更难以传质至生物膜内部空间，在一定程度上限制了黄连素的降解，因此其对黄连素降解的最大比降解速率明显低于絮体污泥。好氧颗粒污泥是一种微生物自固定化的特殊生物膜形式，其在一定程度上兼有生物膜和污泥絮体的特征，因此，其对黄连素降解的最大比降解速率和抑制常数均介于两者之间。

4.3.3.5　黄连素降解的物质转化过程和降解途径

（1）黄连素微生物降解的物质转化过程

采用纯品黄连素配制质量浓度为 800 mg/L 的标准溶液，并在溶液中适当添加营养元素 P、Mg、Ca、Fe 及少量微量元素。进行黄连素的微生物厌氧、好氧降解批次试验，每隔一段时间取样，污泥混合液经 5 000 r/min 离心 15 min 后，采用 0.45 μm 玻璃纤维滤膜过滤滤液用于测定中间产物。采用固相萃取 GC-MS 方法对黄连素好氧和厌氧降解不同时间下的中间产物进行分析。

图 4-33 是黄连素好氧与厌氧降解不同时间下的 GC-MS 总离子流图，从图 4-33（a）中可以看出，好氧反应 1 h，黄连素即发生明显降解，随着反应时间的增加，检出物质数呈现先增加后减少趋势，至反应 24 h，总离子流图中仅有较明显 1 个峰存在，其余中间产物均已基本完全降解。

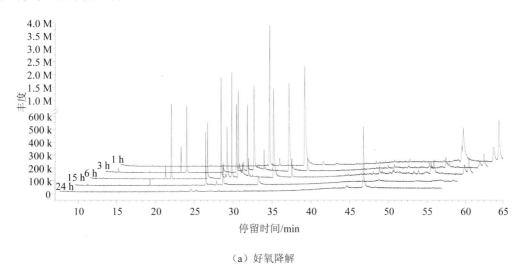

（a）好氧降解

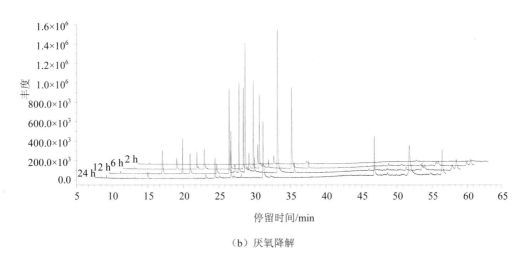

（b）厌氧降解

图 4-33　不同反应时间条件下黄连素好氧与厌氧降解的 GC/MS 总离子流

图 4-33 是黄连素好氧与厌氧降解不同时间下的 GC-MS 总离子流。从图中可以看出，厌氧反应 2 h，黄连素仅发生少量分解，随着反应时间的增加，检出物质数呈现先增加后减少趋势，至反应 24 h，总离子流中仍有较多厌氧中间产物检出。

（2）黄连素的微生物降解途径

根据黄连素好氧和厌氧降解过程中的物质转化规律，构建黄连素的微生物降解途径，如图 4-34 所示，最初的降解步骤中，好氧条件下，黄连素吡啶环上 8 位、13 位 C 原子发生加氧氧化，生成 8,13-二氧化坎那定，并发生重排，生成 1,2,3,4,2′,3′-六氢-3′-羟基-4′,5′-二甲氧基-6,7-次甲二氧基-1′-氧化-螺[异喹啉-1,2′茚]。厌氧条件下，主要是黄连素吡啶环发生加氢还原，生成 13,13a-二氢化-9,10-二甲氧基-2,3-次甲二氧基-小檗因和 1,2-二氢化-2-甲基罂粟碱。接下来的主要的降解过程，好氧和厌氧均为上述 4 种中间体中，经加氧氧化或加氢还原的吡啶环开环，生成 1,3-二噁茂并-7,8-二氢-[4,5-g]异喹啉-5（6H）-酮和 4,5-二甲氧基-异苯并呋喃-1,3-二酮。1,3-二噁茂并-7,8-二氢-[4,5-g]异喹啉-5（6H）-酮和 4,5-二甲氧基-异苯并呋喃-1,3-二酮是黄连素降解过程中检出相对含量最高的两个中间体。1,3-二噁茂并-7,8-二氢-[4,5-g]异喹啉-5（6H）-酮经开环和脱氨基作用生成胡椒醛。4,5-二甲氧基-异苯并呋喃-1,3-二酮，水解生成 3,4-二甲氧基邻苯二甲酸，或水解并氧化生成和 1,2 或 3,4-二甲基苯甲酸或 1,2 或 3,4-二甲氧基苯甲醛。最后胡椒醛中的 1,4 二氧代环戊烷环和 3,4-二甲氧基苯甲醛中的二甲氧基被氧化为羟基，经苯环开环，生成短链脂肪酸进入三羧酸循环。

此外，厌氧降解过程可能还存在还原途径，黄连素中的六氢吡啶环先开环，并经脱氨基作用生成 2-羟基-3-甲氧基-苯甲醛，再经苯环开环氧化生成短链脂肪酸，进入三羧酸循环。

其中，黄连素好氧厌氧降解的最主要途径均为：黄连素→1,3-二噁茂并-7,8-二氢-[4,5-g]异喹啉-5（6H）-酮；4,5-二甲氧基-异苯并呋喃-1,3-二酮→3,4-二甲氧基-苯甲醛；胡椒醛途径。

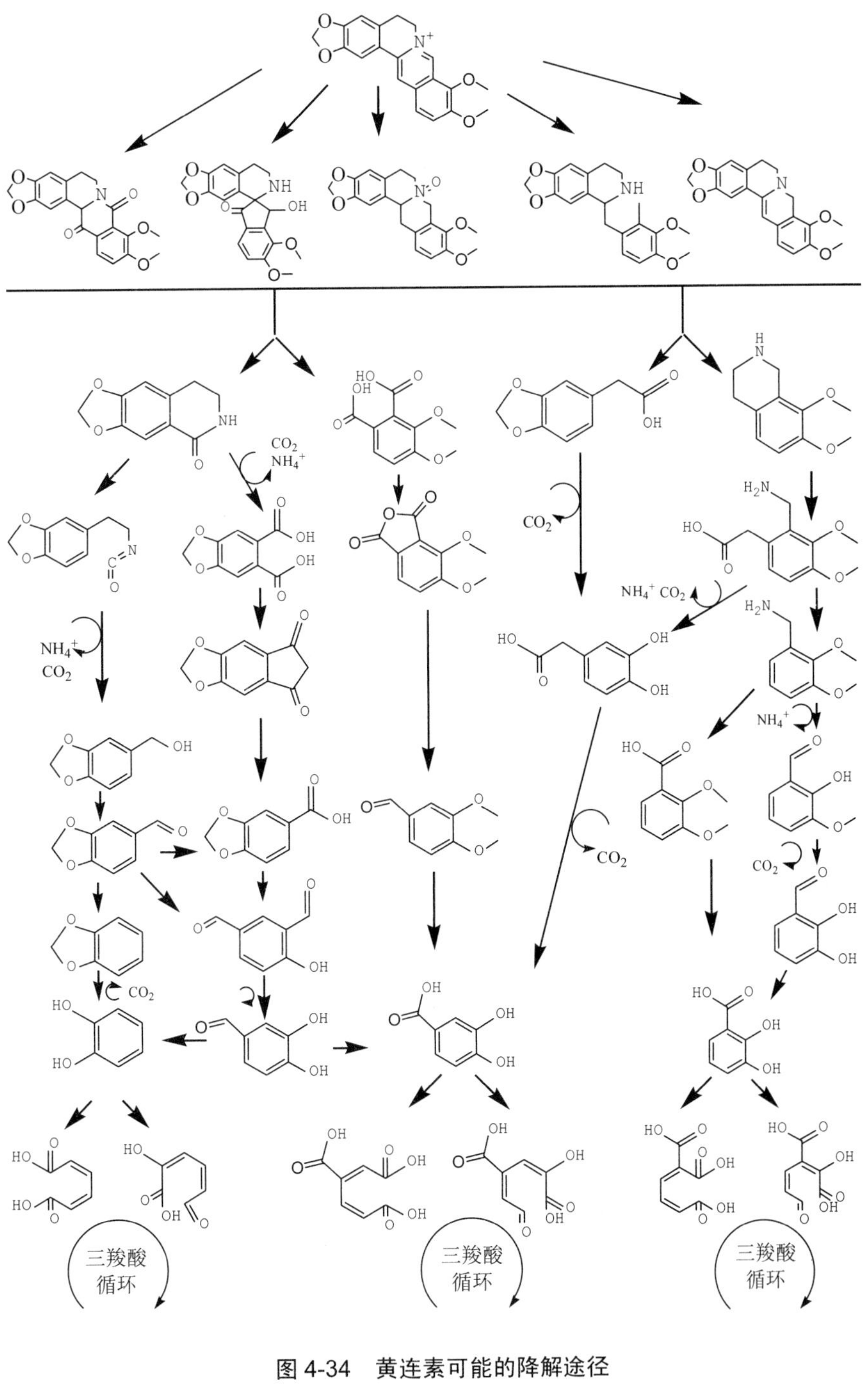

图 4-34　黄连素可能的降解途径

此外，值得指出的是，对于特定污染物的降解，并非所有中间产物均可以在其降解过程中发生积累，同时，污染物的降解很多步骤发生在微生物细胞内部，其过程中产生的中间产物并不会向水相溶液中释放，且由于检测方法的限制，很多中间产物是无法检测到的，因此，对于某一种污染物的降解途径的研究，需要多种检测手段的互相印证。本研究仅对黄连素的微生物降解途径进行了初步的研究和构建，其结果有待于更进一步的研究和验证。

4.3.3.6　小结

1）在 HRT 为 24 h，进水 COD 负荷为 1.71～4.39 kg/（m³·d），进水黄连素质量浓度为 64.4～390.3 mg/L，进水 NH_4^+-N 为 91.8～158.7 mg/L 的条件下，UASB-MBR 组合工艺可实现废水中 COD、黄连素和 NH_4^+-N 的有效去除，去除率分别达到 90%、99% 和 98% 以上。

2）黄连素主要通过 UASB 去除，随着进水黄连素从 64.4 mg/L 升高至 390.3 mg/L，UASB 出水黄连素质量浓度从 0.71 mg/L 升高至 139.2 mg/L，COD 去除率从 79% 下降至 28%。

3）在进水 COD 负荷为 0.54～2.34 kg/（m³·d），黄连素负荷为 0.71～139.2 g/（m³·d）条件下，AGMBR 和 MBMBR 均可保证平均出水 COD 低于 50 mg/L，黄连素低于 1.0 mg/L，NH_4^+-N 低于 2.0 mg/L。在进水黄连素为 0.71～139.2 mg/L 的条件下，黄连素对 AGMBR 和 MBMBR 中硝化作用无明显抑制。

4）随着进水黄连素浓度的升高，在黄连素产生的环境选择压力作用下，AGMBR 中呈现污泥颗粒化的过程。

4.4　生物强化处理技术

4.4.1　研究背景

为增强生物处理工艺对目标污染物的降解作用，于是产生了强化生物处理工艺。生物强化是将本土的或外来的物种或基因工程菌应用于生物反应器以强化反应器对目标污染物的处理能力的方法，生物强化常被用于缩短反应器启动时间，增强反应器处理能力，保护现有微生物种群结构免予外界条件影响以及应对更大的污染物处理负荷等。

生物强化技术的核心是高效降解菌的开发，目前筛选高效菌株的手段主要包括以下三种：

（1）从自然环境中筛选：利用常规的微生物手段，从被污染的环境中通过选择性培养基分离具有特定降解功能的微生物；

（2）通过将土著微生物长期的驯化，诱导微生物产生能够降解特定化合物的代谢途径和代谢酶，得到具有一定降解能力的微生物菌群；

（3）通过基因工程手段构建高效工程菌，改良或者提高微生物的降解性能。

高效菌在实际应用中主要有三种常用的菌体处理方式：直接投加特效降解微生物、固定化微生物、生物强化制剂。

（1）直接投加特效降解微生物

将筛选的特效微生物直接投加到废水中。对于一些难降解的有机物，通常添加甲烷、丙烷、甲苯等简单有机物，微生物在以其为原始底物降解后产生的氧化酶会改变目标污染物的结构，从而达到降解目标污染物的目的。

（2）固定化微生物

固定化技术是为了提高优势微生物的浓度，增加在生物处理器中的存留时间而将优势菌株固定封闭在特定的载体上，使菌体脱落少、活性高。固定化的方式主要有三种：交联法、载体结合法和包埋法。包埋法由于操作简单，对细胞活性影响小，细胞强度高，是目前应用最广泛的固定化方法。

（3）生物强化制剂

生物强化制剂是将筛选的高效细菌制成菌液制剂或将其附着在麦麸上制成干粉制剂。生物强化制剂具有很多优点：迅速提高生物处理系统中微生物的浓度，提高工作效率；操作简单方便，可以实时地处理污染物，节省能源。

生物强化的处理技术已在土壤修复中得到广泛的应用，对于制药废水中的应用研究仍然较少。对于化学合成类制药废水，合成过程中的生产原料、溶剂以及反应过程中的中间产物以及副产物，乃至最终的产品，其中大部分化学品为自然界中不存在的人造化合物，对于这些化合物，自然界中是否存在现有的微生物代谢途径仍然不得而知，因此需要首先确定污染物的生物可降解性。

国内外研究者也对多种抗生素类药物的生物可降解性进行了研究。Joss 等[33]对 25 种抗生素类药物的生物可降解性进行了研究，25 种药物中仅有 4 种生物降解的去除率可以达到 90%以上，而有 17 种药物去除率低于 50%，根据微生物的降解速率，25 种抗生素可分为三类：不可生物降解的、部分可降解的和易降解的。Prado 等[34]采用改进的 Sturm test（OECD 301-B）方法对四环素和泰乐菌素的生物可降解性进行了评价，结果显示两种药物均不具备生物可降解性。Perez 等[35]研究了 3 种氨基磺酸类抗生素（Sulfamethazine、Sulfamethoxazole 和 sulfathiazole）在活性污泥系统中的归趋，发现在为期 10 d 的处理过程中，3 种抗生素去除率分别为 50%、75%和 93%。可见，不同种类的抗生素本身具有较大的可降解差异性。但是，生物处理过程中微生物是目标污染物降解的主体，目前的研究中，对特征污染物降解菌的识别以及生物学特性的研究仍然很少，污泥中是否存在降解该种污染物的微生物，是决定目标污染物在生物处理过程是否能够得到有效降解的关键，而目前的研究中很少将活性污泥微生物的种群特征与目标污染物的降解相结合，因此很多抗生素类污染物的生物可降解性以及降解途径仍需进一步明确。

目前，生物强化技术在制药废水处理中的应用仍处于摸索阶段。Saravanane 等[36]利用 UASB 反应器处理头孢氨苄制药废水，研究表明，当传统处理不能满足需要时，生物强化技术是一个较好的解决手段。Wang 等[37]将具有高效降解尼古丁功能的菌株 *Acinetobacter* sp. TW 投加到生物反应器中，并对其降解性能做了研究。研究表明，反应器 COD 稳定去除率为 80%～90%，尼古丁去除率为 98%。

4.4.2 材料与方法

（1）混合细菌平板分离

采用筛选固体培养基，高压灭菌后，在无菌操作台中，加入磷霉素使培养基中磷霉素最终浓度为 200 mg/L，并充分摇匀。培养基倒入经高温灭菌的培养皿后，并倒置放于 4℃保存，一个月内使用。取驯化完成的污泥 10 mL，在无菌操作台中采用无菌操作方式取 200 μL 用灭菌蒸馏水对污泥以 10-1 梯度稀释。单菌落经两代转代划线分离后对菌落形态进行观察。确定分离纯化的单菌落是否为单一菌种，继续划线分离至长出菌落为单一菌种。

（2）菌种鉴定

在无菌室中以无菌接种环挑取单一菌种加入 50 μl 的水中，振摇。取上清液作 PCR。PCR 回收结果送至上海生工进行测序，测序结果在 NCBI 中比对。

（3）菌种降解实验

取 250 mL 锥形瓶，培养液为 MSM 和一定浓度的磷霉素，利用 NaOH 和 HCl 调节 pH。

①设置 20%和 30%两个不同接种量，在 35℃、150 r/min，pH=7.0，磷霉素浓度为 50mg/L 条件测定 3 株菌株降解特性。挑选降解效能较好的菌株。

②设置不同 pH 分别为 5.0、7.0、9.0，在接种量 20%、35℃、150 r/min、磷霉素浓度为 20 mg/L 条件下，每隔 24 h 取样，测定磷霉素的降解。每个条件设置三个平行。

③设置不同温度分别为 20℃、35℃、40℃，在接种量 20%、pH=7.0、150 r/min、磷霉素浓度为 20 mg/L 的条件下，每隔 24 h 取样，测定磷霉素的降解。每个条件设置三个平行。

（4）不同降解基质耐受性试验

分别以 10 mg/L 的四环素、苯乙胺、邻苯二甲酸、3,5-二氯苯酚代替磷霉素配制平板，每个设置 3 个平行样品。挑取菌株 F3 的菌落，划线培养，在 35℃恒温培养箱中培养，观察是否长出菌落。

4.4.3　结果与分析

4.4.3.1　纯菌形态

混合菌经过反复分离、纯化，得到三株菌，形态如图 4-35 所示。

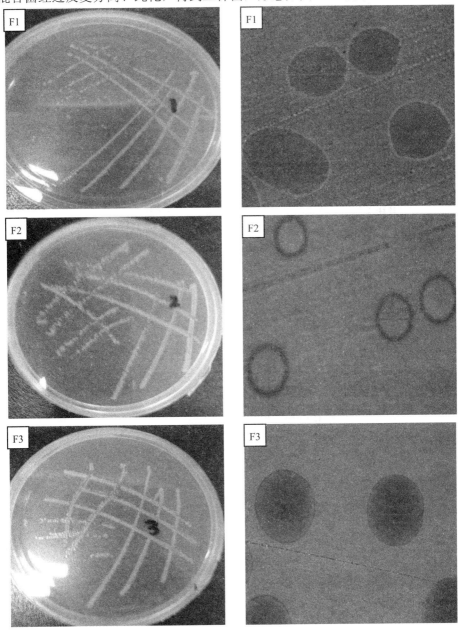

图 4-35　菌落形态

分离得到的三株菌，分别命名为 F1、F2、F3。在筛选培养基中，35℃条件下，菌株 F1、F2 在 3～4 d 长出菌落，菌落呈现圆形、乳白色。单个菌落大小在 200～300 nm，中间凸起，不透明，表面光滑。菌株 F3 相同条件下 2～3 d 长出菌落，单个菌落大小在 400 nm 左右，呈乳黄色，表面凸起，有黏性，菌落表面光滑。

革兰氏染色结果显示三者均为革兰氏阴性菌。染色图片如图 4-36 所示。由显微镜图片可以看到其中菌种 F3 的细胞明显大于其他两株菌。

图 4-36　革兰氏染色显微镜图片

4.4.3.2　测序结果分析

将测序结果与 NCBI 基因文库中（http：//blast.ncbi.nlm.nih.gov/Blast）的已知序列进行比对。选择相似性不小于 99% 的序列，利用 clustalx 2.0 对序列进行比对，使用 MEGA 4.0 构建系统发育树。结果如图 4-37 所示。

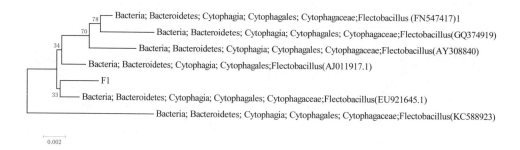

（a）F1 菌株

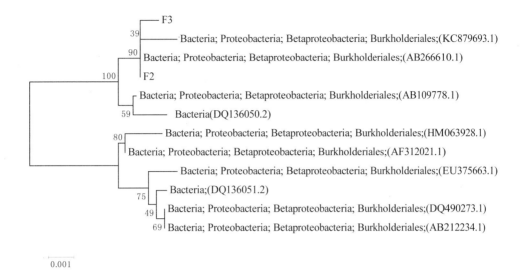

（b）F2、F3 菌株

图 4-37　菌株进化树

4.4.3.3　不同接种量对菌株降解的影响

在 20%和 30%接种量条件下，以 A600 来表征细菌的生长量，三株菌株的生长量变化如图 4-38 所示。

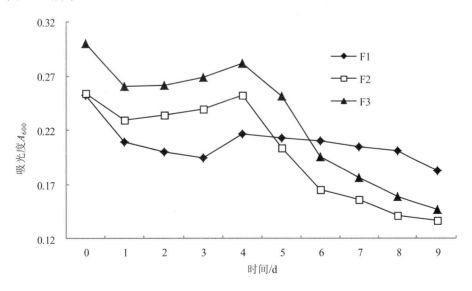

（a）20%接种量

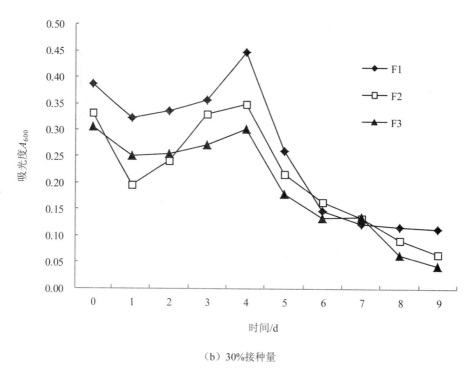

（b）30%接种量

图 4-38　不同接种量下纯菌的生长量变化

　　从图 4-38 中可以看到，无论是在 20%接种量条件下还是在 30%接种量条件下，3 株菌株对磷霉素的基质环境都有一个适应期。纯菌在开始的第 1 天内菌液浓度逐渐降低，生长量下降，之后慢慢提高。进入第 4 天后，菌液浓度达到最大，这也表明此时体系内生物量最大。随后菌株生长量呈现缓慢升高然后又逐渐下降的趋势。这可能是由于降解产物不利于菌株生长，在逐渐积累的过程中对菌株生长产生了抑制。

　　图 4-39 反映了两种不同接种量条件下，磷霉素浓度的变化情况。由图可以看出，在实验条件下，菌株在前 4 d 处于适应期，磷霉素的降解量较少。第 4～6 天，磷霉素的降解量最多，这基本与生长量变化图相符。随着降解中间产物的积累，对菌液的抑制逐渐增强，生物量的不断减少，磷霉素的降解量也逐渐下降。

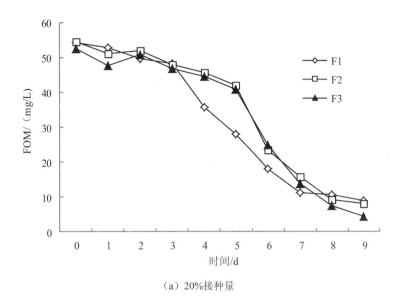

（a）20%接种量

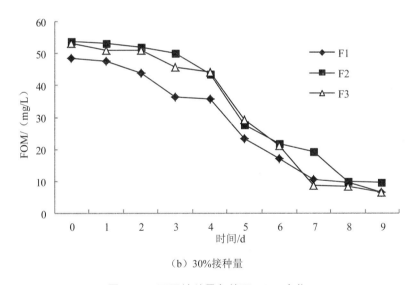

（b）30%接种量

图 4-39　不同接种量条件下 FOM 变化

图 4-40 可以看到三株菌在 20%接种量条件下的降解率略高于接种量为 30%时的降解率。这可能是由于在 30%接种量条件下，菌种存在基质竞争。比较三株菌株的降解率可以发现菌株 F3 在两种接种量条件下对磷霉素的降解率相对都较高。

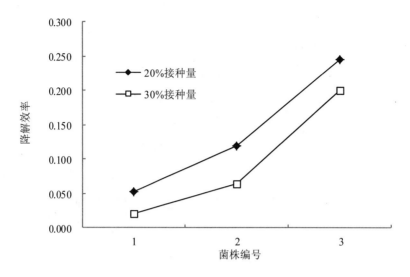

图 4-40　不同接种量下磷霉素的降解率

将三株菌混合，在相同实验条件下，讨论了菌株混合状态下磷霉素的降解情况，其结果如图 4-41 和图 4-42 所示。

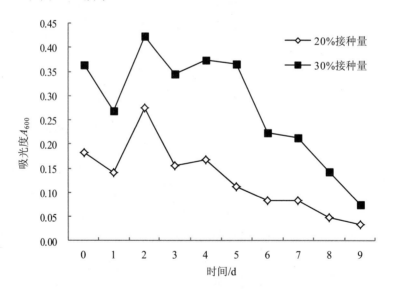

图 4-41　混合菌生长曲线

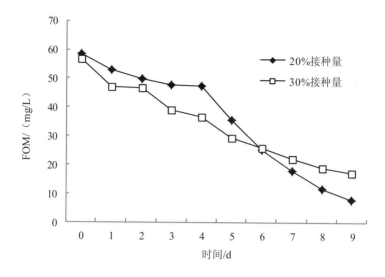

图 4-42 三株菌混合条件下 FOM 降解

比较图 4-41 和图 4-42 可以看到，对于混合菌而言，其适应能力要高于单独的菌株。混合菌液在经过一天的适应后，第 2 天菌液浓度就达到最高，而单菌菌液到第 4 天才达到最大值，且混合菌菌液浓度在接下来两天的下降速度也明显低于单菌菌液。

同时混合菌接种量为 30%的效果要高于 20%接种量，可能是由于三株菌存在协同的共代谢作用。有些菌可以利用其他菌的代谢产物，避免了中间产物的积累对菌体的影响。

4.4.3.4 F3 在不同 pH 条件下的降解

由以上实验比较，可以发现菌株 F3 的生长速度和对磷霉素的降解率均高于其他两株菌株。故决定挑选菌株 F3 进行更为详尽的降解性能的探讨。

由于不同微生物都有其最适合的生长 pH 范围，且 pH 对微生物的生长代谢有很大的影响。首先考察不同初始 pH 对菌株 F3 降解性能的影响。实验设置菌液接种量为 20%，温度为 35℃，转速为 150 r/min，磷霉素浓度为 20 mg/L，pH 分别设置为 5.0、7.0、9.0，每个条件设置三个平行。实验结果如图 4-43、图 4-44、图 4-45 所示。

由图 4-43 可以看到，在 3 个 pH 条件下，菌液浓度的变化趋势基本相似。在 pH 为 5 时，菌液的浓度相对高，表明在 pH 为 5 的条件下，对菌株 F3 的生长状况最好。

由图 4-44 可以看到，菌株 F3 在 pH 为 5 的条件下的降解效率最高，pH 为 9 时降解效率最低。

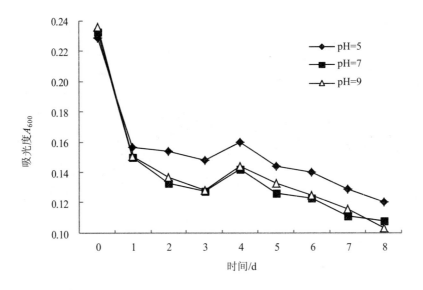

图 4-43　不同 pH 条件下菌株 F3 生长量

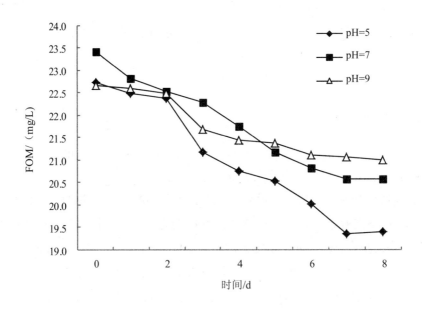

图 4-44　不同 pH 条件下 FOM 的降解

　　TOC 的变化过程如图 4-45 所示，可以看到菌株 F3 在 pH 为 5 和 7 时去除率最高，而 pH 为 9 时，去除率最小。这与磷霉素的降解规律相符，这是因为在磷霉素降解过程中，菌株以磷霉素为唯一碳源和能源，TOC 的去除主要是磷霉素的降解导致的。

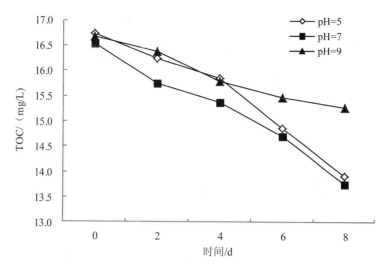

图 4-45　不同 pH 条件下 TOC 的降解

4.4.3.5　F3 菌株在不同温度条件下的降解

温度是微生物生存繁殖的重要影响因子。设置磷霉素浓度为 20mg/L，pH 为 7.0，转速为 150r/min，接种量为 20%，分别在不同温度条件下，间隔一定时间测定菌液浓度和磷霉素浓度变化，以及 TOC 的变化。其结果如图 4-46、图 4-47、图 4-48 所示。

由图 4-46 生长量曲线可以看到：菌株 F3 在 20℃时，其生长量的变化状况与 35℃和 40℃条件下存在明显不同。菌株 F3 在 20℃时，经过第一天的短暂适应后菌液浓度一直维持相对稳定的浓度，且菌液浓度明显高于其他温度条件下的浓度。

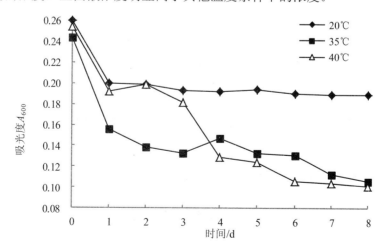

图 4-46　不同温度下菌株 F3 的生长量变化

图 4-47 和图 4-48 均表明，在 20℃条件下磷霉素的降解率和 TOC 的去除率都高于其他温度条件。这是由于磷霉素的降解主要是由微生物体内的酶起的作用，而微生物的酶都有最适宜的活性温度。温度过低，微生物生长缓慢，代谢活性差；过高的温度又会使酶逐渐变性，失去活性，影响降解率。在 20℃时菌株 F3 体内酶的活性最高，对环境的耐受能力也最大，既能降解磷霉素，又能抵抗中间产物的积累作用。

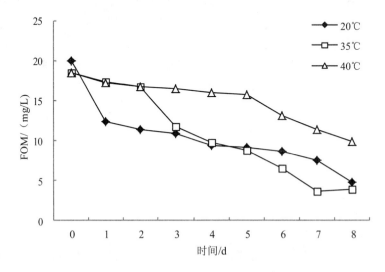

图 4-47　不同温度下菌株 F3 对磷霉素的降解

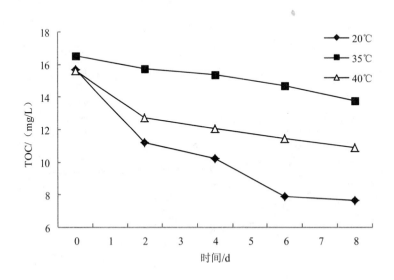

图 4-48　不同温度下 TOC 浓度变化

4.4.3.6 不同基质菌种 F3 耐受状况

菌株 F3 在不同基质下耐受结果如表 4-10 所示。由表可以看到，菌株 F3 在上述四种基质条件下均能长出菌落，表明菌株 F3 可以耐受上述四种基质。这对于研究 F3 对磷霉素的降解机理有一定的参考意义。

表 4-10 菌种 F3 不同基质耐受情况

生长基质	α-苯乙胺	四环素	3,5-二氯苯酚	邻苯二甲酸
生长状况	+	+	+	++

（+表示长出菌落，+号的数量与菌落的数量呈正相关）

4.4.3.7 高效菌接种后的运行

将混合菌接种到反应器中，比较接种前后反应器对实际废水的处理效果。实验进水以稀释 1 000 倍的实际废水和模拟生活污水组成，进水 COD 为 2 000 mg/L。每隔一段时间测定进出水的 COD、MLSS、MLVSS、总磷、正磷酸盐等的变化。比较接种前后 COD 的去除和有机磷的去除，结果如图 4-49 和图 4-50 所示。

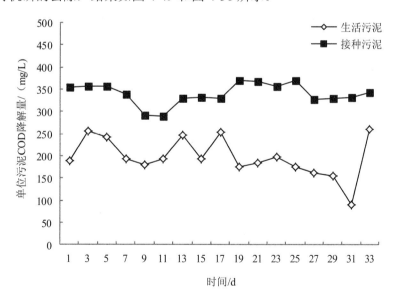

图 4-49 单位污泥 COD 去除率比较

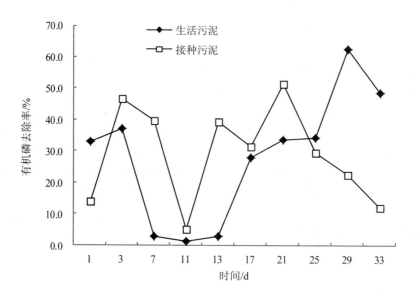

图 4-50　接种污泥前后有机磷变化比较

实验结果表明，驯化后的污泥在初期能够较快达到稳定，对 COD 的单位污泥去除率高于未经驯化的污泥系统。且经过两个月后接种污泥系统对 COD 的去除率能够达到 90% 以上。但是由图 4-50 可知，两个系统对有机磷的去除率需要更长的时间达到稳定。这是由于磷的去除主要依靠聚磷菌的作用，一方面可能驯化污泥接种到反应器中后具有除磷功能的微生物未能占据优势；另一方面实验运行时是冬季，温度较低，对于聚磷菌的活性也有很大的抑制作用[38]。

4.4.4　小结

1）将混合菌群分离、纯化得到三株降解磷霉素的菌株，分别命名为 F1、F2、F3。经鉴定分别属于弯曲杆菌属和伯克氏菌属。实验筛选出的三株降解菌对于磷霉素具有降解能力。其中 F3 菌株的降解能力最高，在 20℃、pH=5 时具有最高的降解效率。菌株 F3 对 α-苯乙胺、四环素、3,5-二氯苯酚、邻苯二甲酸均有耐受能力。

2）驯化的菌群接种到接触氧化池中后，对系统的稳定性起到一定的作用。接种后的反应器对系统 COD 负荷的去除率高于原污泥系统。

参考文献

[1]　刘锋，姜友蕾，熊芳芳. UASB 处理头孢类抗生素制药废水的试验研究[J]. 工业用水与废水，2012，

43（5）：28-31.

[2] 章毅. UASB-两级 A/O 处理制药废水工程设计与运行[J]. 工业用水与废水，2012，43（1）：79-82.

[3] 卢斌，廖军，杨海亮. 两级 UASB 反应器处理制药废水的试验研究[J]. 广东化工，2010，37（8）：125-139.

[4] Sreekanth D，Sivaramakrishna D，Himabindu V，et al. Thermophilic treatment of bulk drug pharmaceutical industrial wastewaters by using hybrid up flow anaerobic sludge blanket reactor[J]. Bioresource Technology，2009，100：2534-2539.

[5] Sponza D T，Demirden P. Treatability of sulfamerazine in sequential upflow anaerobic sludge blanket reactor（UASB）/completely stirred tank reactor（CSTR） processes[J]. Separation and Purification Technology，2007，56：108-117.

[6] Chelliapan S，Wilby T，Sallis P J. Performance of an upflow anaerobic stage reactor（UASR） in the treatment of pharmaceutical wastewater containing macrolide antibiotics[J]. Water Research，2006，40：507-516.

[7] Chen Z，Ren N，Wang A，et al. A novel application of TPAD-MBR system to the pilot treatment of chemical synthesis-based pharmaceutical wastewater[J]. Water Research，2008，42：3385-3392.

[8] Nachaiyasit S，Stuckey D C. The effect of shock loads on the performance of an anaerobic baffled reactor（ABR）：1.Step changes in feed concentration at constante retention time[J]. Water Research，1997，31（11）：2737-2746.

[9] Nachaiyasit S，Stuckey D C. The effect of shock loads on the performance of an anaerobic baffled reactor（ABR）：2.Step and transient hydraulic shocks at constant feed strength[J]. Water Research，1997，31（11）：2747-2754.

[10] 邱波，郭静. ABR 反应器处理制药废水的启动运行[J]. 中国给水排水，2002，16（8）：42-44.

[11] Fox P，Venkatasubbiah V. Coupled anaerobic/aerobic treatment of high-sulphate wastewater with sul-phase reduction and biological sulphide oxidation[J]. Water Science Technology，1996，34（5-6）：359-366.

[12] 相会强，张杰，于尔捷. 水解酸化-生物接触氧化工艺处理制药废水[J]. 给水排水，2002，28（1）：54-56.

[13] 伊学农，胡春凤，范彦华. 水解酸化-生物接触氧化工艺在生物制药废水处理工程中的应用[J]. 水资源与水工程学报，2010，21（5）：127-129.

[14] 刘华，李静，孙丽娜，等. 两段水解酸化-好氧法处理制药废水的小试研究[J]. 环境科学与技术，2013，36（6）：198-199.

[15] 邹平，高廷耀. SBR 法处理制药废水的试验研究[J]. 给水排水，2000，26（5）：43-45.

[16] 舒晓春，阳光. SBR 工艺在中药生产废水处理中的应用[J]. 环境科学与技术，2002，25（6）：20-21.

[17] 韩相奎，崔玉波，黄卫南. 用 SBR 法处理中药废水[J]. 中国给水排水，2000，1（16）：47-48.

[18] 邓乔，胡晓东，邝博文. SBR 处理制药废水影响因素的研究[J]. 环境科学与管理，2012，37（9）：110-138.

[19] 高健磊，施龙，周子鹏. MBR 处理制药废水膜污染试验研究[J]. 工业用水与废水，2013，44（5）：24-27.

[20] 廖志民. MBR 工艺处理发酵类制药废水中试研究[J]. 中国给水排水，2010，26（9）：131-133.

[21] 干建文，沈斌，范立航. 膜生物反应器处理头孢类制药废水的试验研究[J]. 环境工程，2010，28（8）：65-66.

[22] Tambosi J L，de Sena R F，Favier M，et al. Removal of pharmaceutical compounds in membrane bioreactors（MBR）applying submerged membranes[J]. Desalination，2010，261：148-156.

[23] Shariati F P，Mehrnia M R，Salmasi B M，et al. Membrane bioreactor for treatment of pharmaceutical wastewater containing acetaminophen[J]. Desalination，2010，250：798-800.

[24] Gobel A，McArdell C S，Joss A，et al. Fate of sulfonamides，macrolides，and trimethoprim in different wastewater treatment technologies[J]. Science of the Total Environment，2007，372：361-371.

[25] Batt A L，Kim S，Aga D S. Enhanced biodegradation of iopromide and trimethoprim in nitrifying activated sludge[J]. Environmental Science and Technology，2006，40：7367-7373.

[26] Yu T H，Lin A Y C，Lateef S K，et al. Removal of antibiotics and non–steroidal anti–inflammatory drugs by extended sludge age biological process[J]. Chemosphere，2009，77：175-181.

[27] Clara M，Strenn B，Gans O，et al. Removal of selected pharmaceuticals，fragrances and endocrine disrupting compounds in a membrane bioreactor and conventional wastewater treatment plants[J]. Water Research，2005，39：4797-4807.

[28] 杨可成. UASB-SBR 生化系统处理制药废水的减排运行研究——某药厂污水站运行研究[D]. 呼和浩特：内蒙古大学，2012.

[29] 王现丽，张君，时鹏辉. UASB+CASS 工艺处理制药废水实例[J]. 水处理技术，2010，36（8）：130-132.

[30] 张彤炬，何以嘉. 深井曝气工艺处理激素制药废水[J]. 中国给水排水，2012，28（4）：72-75.

[31] 李亚峰，王欣，谢新立. 预处理-UASB-A/O 工艺处理高浓度制药废水[J]. 给水排水，2012，38（5）：56-57.

[32] Oktem Y A，Ince O，Sallis P，et al. Anaerobic treatment of a chemical synthesis-based pharmaceutical wastewater in a hybrid upflow anaerobic sludge blanket reactor[J]. Bioresource Technology，2007，99：1089-1096.

[33] Joss A，Zabczynski S，Gobel A，et al. Biological degradation of pharmaceuticals in municipal wastewater treatment，proposing a classification scheme[J]. Water Research，2006，40：1686-1696.

[34] Prado N，Ochoa J，Amrane A. Biodegradation and biosorption of tetracycline and tylosin antibiotics in activated sludge system[J]. Process Biochemistry，2009，44：1302-1306.

[35] Perez S，Eichhorn P，Aga D S. Evaluating the biodegradability of sulfamethazine，sulfamethoxazole，sulfathiazole，and trimethoprimat different stages of sewage treatment[J]. Environmental Toxicology and Chemistry，2005，24：1361-1367.

[36] Saravanane R，Murthy D，Krishnaiah K. Bioaugmentation and treatment of cephalexin drug-based pharmaceutical effluent in an upflow anaerobic fluidized bed system[J]. Bioresource Technology，2001，76（3）：279-281.

[37] Wang J H，He H Z，Wang M Z. Bioaugmentation of activated sludge with Acinetobacter sp. TW enhances nicotine degradation in a synthetic tobacco wastewater treatment system[J]. Bioresource Technology，2013，142.

[38] 王荣昌，司书鹏，杨殿海，等. 温度对生物强化除磷工艺反硝化除磷效果的影响[J]. 环境科学学报，2013，33（6）：1535-1544.

第5章 制药废水处理组合工艺及工程应用

东北某制药厂是辽河流域最大的制药企业。该厂已经建立污水处理厂，处理后的废水基本达到行业排放标准，但该企业仍有黄连素、磷霉素钠等抗生素废水难以处理，如表 5-1 所示。企业采取两种方法处理这些难处理废水，一种采用生活污水稀释后排入东药集团的污水厂处理后排放，另一种将高浓度废水委托第三方焚烧处置。前一种方法的缺点是影响污水处理厂的运行，而且废水中未降解的抗生素等污染物排入环境，对河流的生态体系及沿河居民的健康造成很大威胁；焚烧的处理方法存在处理成本高、产生二次污染等问题。

表 5-1 几种典型制药废水来源、水量、处理工艺及存在的问题

废水种类		来源	水量/(t/a)	现有处理工艺	现有处理工艺存在的主要问题	需要解决的主要问题
黄连素废水	黄连素成品母液	黄连素成品清洗废水	10 950	与其他废水混合进行生物处理	高浓度的微生物抑制物严重影响生物处理系统处理能力	去除废水中黄连素，降低废水的微生物毒性
	含铜废水	脱铜反应	4 000	采用铁置换方法,可使废水中Cu^{2+}质量浓度从 3 000 mg/L 降低至几百毫克/升	铁置换后废水中Cu^{2+}质量浓度仍相对较高	高效去除废水中Cu^{2+}和黄连素
磷霉素钠废水		生产工艺废水	10 299	大部分外运，小部分与其他废水混合进行生物处理	外运处理成本高，混合处理对生物系统影响较大	高浓度有机磷无机化

针对其黄连素成品母液、含铜废水及磷霉素钠等几股难降解制药废水，在详细调研其污染特征的基础上，进行了脉冲电絮凝、臭氧氧化、电化学、湿式氧化、铁碳微电解与 Fenton 氧化等物化处理技术以及 UASB/MBR、ABR/好氧颗粒污泥与水解酸化/接触氧化等生化处理技术的研究，形成了高级氧化-UASB-MBR 耦合、铁碳微电解回收铜、铜离子结晶沉淀-树脂吸附、湿式氧化/磷固定化与水解酸化/接触氧化生物共代谢等 5 项集成关键技术，建立了黄连素、含铜及磷霉素钠等 4 种制药废水的中试处理系统，获得了较好的研究结果，并在此基础上在对制药厂进行了工程化应用，取得了较好的效果。废水经过厂区污水处理厂处理后出水质量浓度约为 100 mg/L，能达到《污水综合排放标准》（GB 8978—2002）三级标准，削减 COD 负荷约为 1 t/d，全部废水经下水管网系统收集输

送至污水处理装置进行处理后排入市政污水处理厂做进一步处理。通过一系列研究，突破了难降解制药达标排放的关键技术，对辽河流域制药行业废水的处理具有较好的示范作用，对辽河流域水质改善起到了一定的作用，具有明显的环境和社会效益。

5.1　黄连素制药废水的 Fenton 氧化-UASB-MBR 组合处理技术研究

5.1.1　技术研发背景

黄连素是一种抗生素类药物，其生产主要采用天然植物提取和化学合成，其中化学合成类黄连素生产过程中的成品冲洗废水含有高浓度的黄连素，属于高浓度有机制药废水，其成分复杂，且具有较强的微生物毒性，导致其好氧或厌氧处理均有困难，造成许多现有的相关废水处理工程不能正常运行。近年来，黄连素制药废水主要依靠生物流化床进行处理，物化法处理鲜有研究。生化法处理黄连素制药废水负荷较低，并须混合其他废水综合处理，高浓度成品母液废水无法直接进入生化处理工艺，且耗气量耗电量大，载体易磨损，与污泥分离困难。

Fenton 法是将 $FeSO_4$ 或其他含 Fe^{2+} 物质与 H_2O_2（Fenton 试剂）在低 pH 条件下混合生成·OH，这些·OH 能在短时间内将有机物氧化成 CO_2 和 H_2O，或将其转化为较易生物降解的有机物，从而大大提高废水的可生化性。

同时，国内外研究发现，利用产酸菌生长快、对毒物敏感性差的特点，采用水解酸化和或厌氧处理工艺对其他多种抗生素类废水具有较好的处理效果[1-8]。同时，尽管厌氧处理可高效去除抗生素废水中有机物和微生物抑制物，单纯依靠厌氧处理，出水水质常不能满足直接排放标准[9]，需要后续好氧处理。研究发现膜生物反应器（membrane bioreactor，MBR）以其优良的微生物菌体截留能力，高运行稳定性和良好的出水水质可实现多种制药废水中化学合成药物的有效去除[10,11]。

本研究采用 Fenton 氧化-UASB-MBR 组合工艺，以期通过 Fenton 氧化提供废水的可生化性，利用 UASB 中污泥颗粒和 MBR 中微滤膜的菌体固定和截留能力，在 UASB 和 MBR 中富集黄连素高耐受性和高效降解菌群，通过生物强化处理实现黄连素废水中盐酸黄连素和高浓度有机物的高效去除。

5.1.2　材料与方法

Fenton 中试反应池有效容积为 250 L，处理水量为 5.0 t/d。

UASB-MBR 组合工艺的中试系统流程图如图 5-1 所示，组合工艺进水采用 Fenton

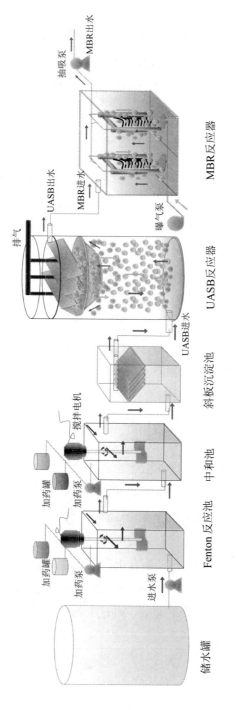

图 5-1 中试系统及其 UASB-MBR 组合工艺流程图

氧化预处理后的黄连素成品母液废水，UASB 反应器有效容积为 4.0 m³，设计水力停留时间为 48 h，底部进水，经三相分离器自流出水。MBR 反应器有效容积为 2.75 m³，设计水力停留时间为 24 h，MBR 区内放置两片聚偏氟乙烯（PVDF）中空纤维膜，单片膜面积为 5.0 m²，膜孔径为 0.4 μm，额定膜通量为 50.0 L/（m²·h），曝气量为 6.0 m³/h。反应器采用连续流运行方式，运行期间除取样测定外反应器不排泥。

UASB 和 MBR 接种污泥取自东北制药总厂污水处理厂水解酸化池和好氧池，组合工艺污泥的驯化采用在葡萄糖模拟废水中投加 2.5%～5.0%的实际黄连素成品母液废水（取自东北某制药厂），驯化时间为 30 d。之后，UASB-MBR 组合工艺进水采用 Fenton 预处理后黄连素成品母液废水，Fenton 预处理后废水质见表 5-2。

表 5-2　Fenton 预处理后黄连素成品母液废水水质　　　　　　　　单位：mg/L

	COD	黄连素	NH_4^+-N	TN	TP
Fenton 预处理后废水	2 030～3 660	19.2～400.0	152.5～428.7	160.7～582.9	4.5～12.5

5.1.3　结果与分析

（1）Fenton 氧化法处理黄连素成品母液废水中试研究

Fenton 最优条件的确定

采用响应曲面分析法（Response Surface Methodology，RSM）对 Fenton 反应的最优条件进行确定。

选取 pH、H_2O_2 投加量、Fe^{2+}/H_2O_2、以及进水流量（Q）为主要考察因素，每个因素选取 5 个水平，运用中心复合设计方法进行试验设计。各因素的水平取值见表 5-3。

表 5-3　响应曲面分析试验设计参数选取

影响因素	变量标记	水平及取值				
	X_i	−1.718	−1	0	1	1.718
pH	X_1	1.28	2	3	4	4.71
H_2O_2/COD	X_2	0.14	0.5	1	1.5	1.86
Fe^{2+}/H_2O_2	X_3	0.064	0.1	0.15	0.2	0.236
Q/（L/h）	X_4	64	100	150	200	236

试验结果如表 5-4 所示。

表 5-4　Fenton 氧化响应曲面分析试验结果

STD.	Run	pH	H_2O_2/COD	Fe^{2+}/H_2O_2	Q/（L/h）	COD 去除率/%	黄连素 去除率/%
1	26	−1	−1	−1	−1	20.8	72.7
2	2	1	−1	−1	−1	25.5	78.9
3	7	−1	1	−1	−1	32.6	80.4
4	13	1	1	−1	−1	42.3	95.8
5	20	−1	−1	1	−1	16.6	66.6
6	6	1	−1	1	−1	21.4	73.7
7	10	−1	1	1	−1	33.9	78.1
8	14	1	1	1	−1	37.2	91.5
9	19	−1	−1	−1	1	20.9	65.5
10	12	1	−1	−1	1	24.0	70.8
11	28	−1	1	−1	1	25.5	77.2
12	15	1	1	−1	1	24.4	87.4
13	9	−1	−1	1	1	17.8	67.4
14	21	1	−1	1	1	19.7	71.7
15	1	−1	1	1	1	22.0	74.0
16	11	1	1	1	1	25.9	88.4
17	5	−1.718 85	0	0	0	17.5	56.5
18	24	1.718 852	0	0	0	23.0	73.9
19	29	0	−1.718 85	0	0	9.5	60.9
20	30	0	1.718 852	0	0	32.6	85.7
21	18	0	0	−1.718 85	0	35.6	91.6
22	23	0	0	1.718 852	0	27.6	85.1
23	8	0	0	0	−1.718 85	35.1	91.4
24	22	0	0	0	1.718 852	22.0	83.6
25	17	0	0	0	0	31.9	82.6
26	3	0	0	0	0	32.7	83.0
27	4	0	0	0	0	31.7	82.0
28	16	0	0	0	0	32.2	82.3
29	27	0	0	0	0	31.7	83.5
30	25	0	0	0	0	31.4	83.3

　　利用 Design-Expert 7.0 对试验结果进行分析，可得到去除率和反应条件的关系，对于 COD 的去除，如图 5-2 中曲面图和等高线图所示。

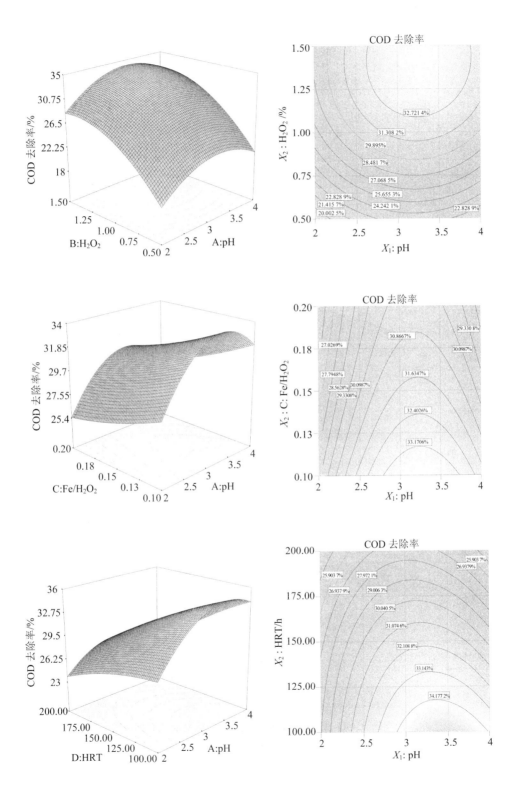

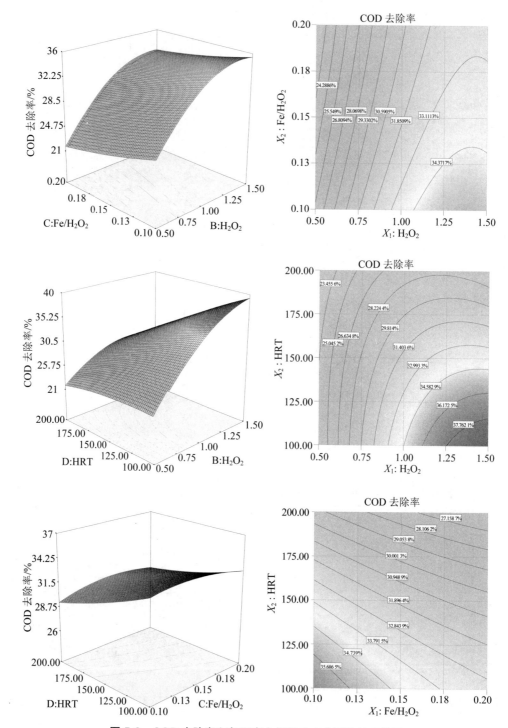

图 5-2　COD 去除率和各因素之间的响应曲面和等高线图

由图中可见随着 H_2O_2 投加量，进水流量的减小，以及 Fe/H_2O_2 摩尔比的减小，COD 的去除率升高，对于 pH 的影响，在 pH 为 2～4 时，存在去除率先增加后减小的趋势，最佳的 pH 在 3.0～3.5。

通过曲面拟合得到 COD 的去除率与各因素间的方程表达式为

$$f(x_i) = 31.72 + 1.59x_1 + 5.20x_2 - 1.67x_3 - 3.55x_4 + 0.27x_1x_2 - 0.22x_1x_3 - 1.49x_1x_4 + 0.32x_2x_3 -$$
$$2.71x_2x_4 + 0.10x_3x_4 - 3.52x_1^2 - 3.09x_2^2 + 0.32x_3^2 - 0.72x_4^2$$

对于黄连素的去除，同样可以得到黄连素去除率和各因素间的曲面响应关系（图 5-3）。

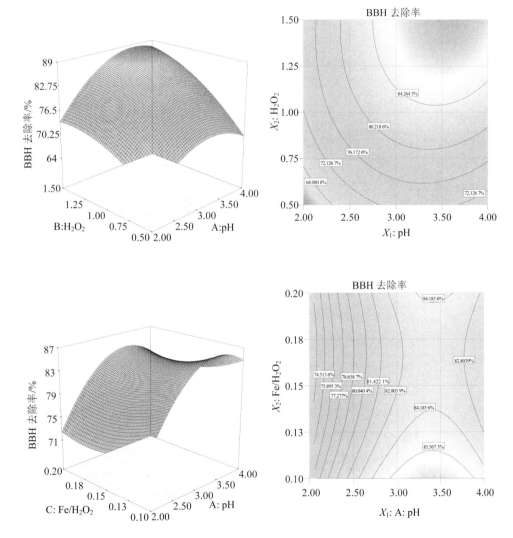

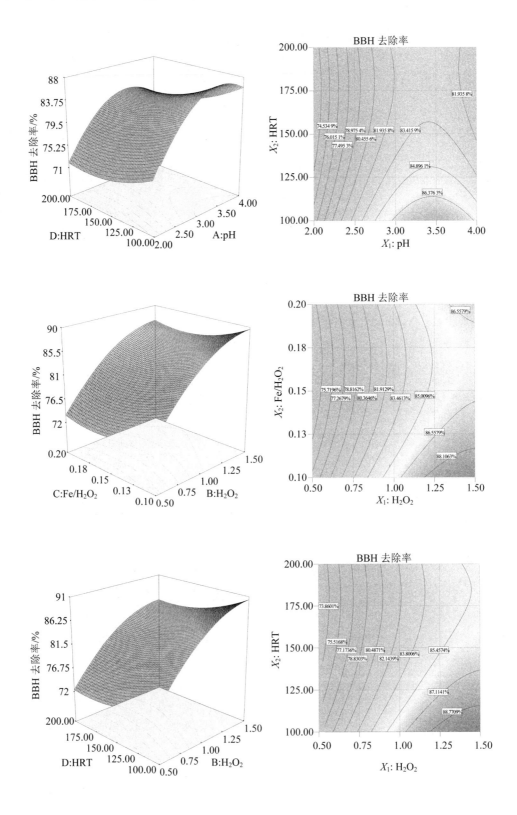

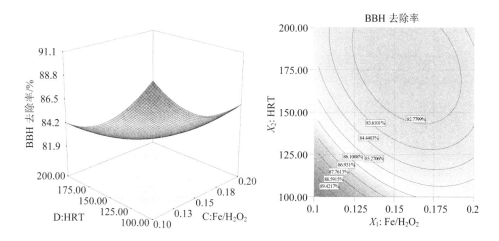

图 5-3　黄连素去除率和各因素之间的响应曲面和等高线图

从图 5-3 中可以看出，随着 H_2O_2 投加量的增加和 Q 的减小，黄连素的去除率呈现明显上升趋势，而对于 pH 和 Fe/H_2O_2 摩尔比，则存在对于黄连素去除率的最优区域，最佳 pH 为 3.5 左右，而 Fe/H_2O_2 在大于 0.2 和小于 0.12 时可获得较高的黄连素去除率。

通过曲面拟合得到黄连素的去除率与各因素间的方程表达式为

$$f(x_i)=82.71+4.85x_1+6.76x_2-1.30x_3-2.22x_4+1.91x_1x_2+0.13x_1x_3-0.50x_1x_4+0.011x_2x_3-0.15x_2x_4+1.16x_3x_4-5.85x_1{}^2-3.12x_2{}^2+1.98x_3{}^2+1.70x_4{}^2$$

通过 COD、黄连素去除率与各影响因素之间的响应关系，设定在最大的进水流量、最小的 H_2O_2 投加量、Fe/H_2O_2 摩尔比以及试验区间 pH 范围内获得最大的黄连素和 COD 去除率的反应条件为 Fenton 氧化的最优条件，通过最优化可得最优条件：pH 为 3.07、H_2O_2/COD 为 0.75、Fe/H_2O_2 摩尔比为 0.05、Q 为 250 L/h（HRT 为 1 h）。该条件下可获得的黄连素和 COD 去除率分别为 87.15% 和 25.5%。

图 5-4 和图 5-5 为 Fenton 工艺对黄连素废水的 COD 和黄连素的去除效果，系统运行期间，平均进水：COD 为 4 061 mg/L，黄连素为 709 mg/L；最高去除率：COD 为 46.9%，黄连素为 95.8%；最低去除率：COD 为 9.5%，黄连素为 42.1%；平均去除率：COD 为 28.3%，黄连素为 77.7%。

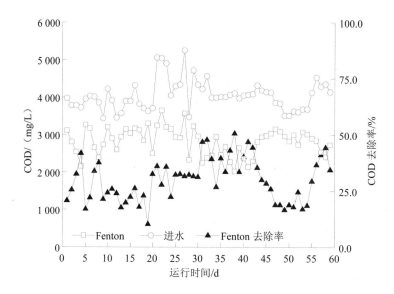

图 5-4　Fenton 预处理对废水的 COD 去除

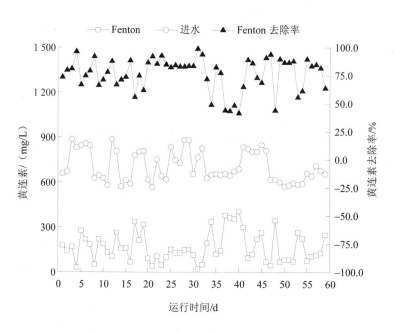

图 5-5　Fenton 预处理对废水的黄连素去除

（2）UASB-MBR 的处理效果

分别考察了 UASB 的 HRT 分别为 96 h、84 h、72 h、60 h 对应 MBR 的 HRT 为 66 h、58 h、50 h 和 41 h 条件下 UASB-MBR 组合工艺对 Fenton 氧化预处理后黄连素成品母液废水的处理效果。

①组合工艺对 COD 的去除效果

图 5-6 和图 5-7 为中试 UASB 反应器对 Fenton 预处理后黄连素成品母液废水中 COD 的去除效果，试验所采用的 4 个 HRT 条件下平均进水 COD 质量浓度分别为 2 845 mg/L、3 138 mg/L、2 576 mg/L、2 892 mg/L，出水平均 COD 质量浓度 1 431 mg/L、1 849 mg/L、1 495 mg/L 和 1 421 mg/L，平均去除率分别为 49.7%、41.1%、41.3%和 44.8%。

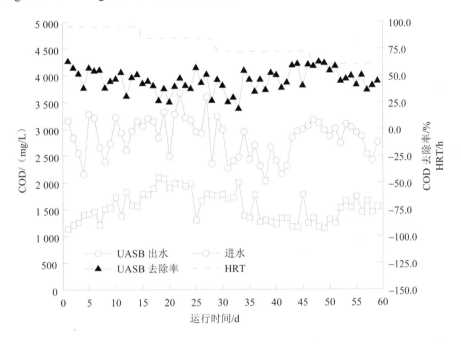

图 5-6　中试 UASB 反应器对 COD 的去除率

中试反应器运行期间，进水波动相对较大，经 UASB 反应器处理后出水 COD 的波动明显减小，说明 UASB 对废水水质具有较好的调节能力。总体来看，4 个 HRT 条件下 UASB 反应器的 COD 处理效果相差不大。UASB 反应器可以在 HRT 为 60～96 h 条件下有效降低 Fenton 预处理后黄连素成品母液废水的 COD 质量浓度。此外，经 Fenton 氧化废水中仍含有较高浓度的黄连素以及酚类、杂环类、苯系物等 Fenton 氧化中间产物，该条件下，UASB 对废水 COD 表现出一定的处理效果，说明中试 UASB 反应器对这些有毒有机污染物具有一定的耐受能力。

如图 5-7 所示，对于中试 MBR 反应器，其在 4 个 HRT 条件下的 COD 去除率分别为 89.6%、90.4%、94.8%、91.4%，出水 COD 平均为 144 mg/L、175 mg/L、80 mg/L 和 124 mg/L，4 个 HRT 内 MBR 的 COD 去除率一直稳定在 90%左右，MBR 反应器可以实现 UASB 出水中残余高浓度有机污染物的有效处理。

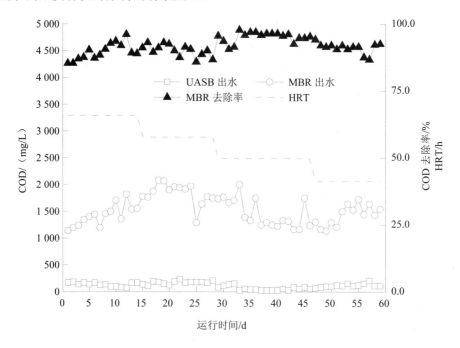

图 5-7 中试 MBR 反应器对 COD 的去除率

经过 UASB 处理后黄连素废水 COD 降低的同时，一些残留有毒有机污染物和中间体也得到一定程度的分解，UASB 的良好出水水质保证了 MBR 反应器具有较好的 COD 去除效果。

②组合工艺对黄连素的去除效果

经 Fenton 氧化预处理后的黄连素成品母液废水中黄连素质量浓度为 19.2～400 mg/L，从图 5-8 可以看出，UASB 进水黄连素质量浓度存在较大波动，经 UASB 处理后出水基本稳定在 15～40 mg/L，UASB 对黄连素去除率的最高为 80%左右，UASB 反应器有效抵御了不断变化的进水黄连素冲击负荷的影响，中试 UASB 反应器在 HRT 为 64～96 h 范围内均可以实现 Fenton 氧化后黄连素成品母液废水中残余黄连素的有效去除。

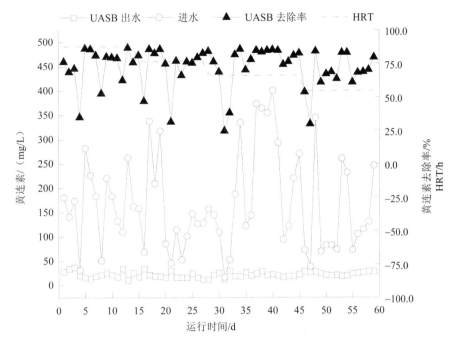

图 5-8　中试 UASB 反应器对黄连素的去除率

对于 MBR 反应器（图 5-9），在进水黄连素质量浓度为 15.0～40 mg/L 的条件下，黄连素的去除率均达到了 80% 以上，最高去除率为 95%，出水黄连素质量浓度低于 5.0 mg/L，随着 HRT 的降低出水黄连素有略升高趋势但基本保持稳定，MBR 可以在 HRT 为 41～66 h 的条件下实现 UASB 出水中残余黄连素的有效处理。与小试反应器相比，中试 MBR 反应器对黄连素的处理效果相对较低，这可能是因为：一方面，实际废水组成复杂，虽经 Fenton 氧化和 UASB 厌氧处理，废水中除黄连素外，存在大量黄连素合成和 Fenton 氧化的中间体和副产物，这些中间体的存在，使实际废水较模拟废水更难降解；另一方面，小试试验采用的改进型 MBR 对黄连素及其厌氧代谢产物的降解起到了一定的生物强化作用。

综上可见，UASB-MBR 组合工艺对 Fenton 预处理后黄连素废水具有较好的处理效果，在系统进水 COD 为 2 576～3 138 mg/L，进水黄连素为 19.2～400 mg/L 条件下，组合工艺的黄连素和 COD 的最高去除率均在 95% 以上，出水 COD 低于 150 mg/L，最低出水黄连素低于 0.5 mg/L。

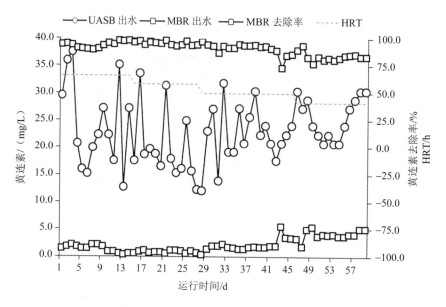

图 5-9   中试 MBR 反应器对 COD 的去除

③中试 UASB-MBR 中特征污染物的去除

采用固相萃取-GC/MS 方法对中试 UASB-MBR 系统的目标污染物物质转化过程进行研究。分别取 100 mL UASB-MBR 组合工艺进水、UASB 反应器出水和 MBR 反应器出水采用固相萃取进行前处理后进行 GC-MS 测试。结果见图 5-10。

从图中可以看出，Fenton 氧化后废水中仍含有多种有机污染物。整个体系中检测到的主要污染物及其相对含量见表 5-5、表 5-6 和表 5-7。

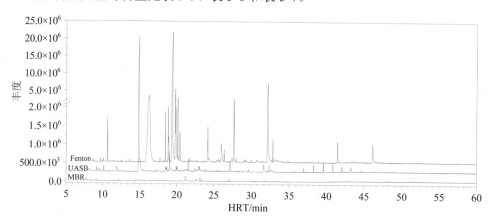

图 5-10   中试 UASB-MBR 组合工艺进出水 GC/MS 总离子流

表 5-5　UASB-MBR 组合工艺进水中检出主要特征污染物及相对含量

编号	R.T./min	名称及分子式	结构式	相似度	含量/%
1	9.69	1,3-苯并二噁茂（$C_7H_6O_2$）		0.93	1.11
2	15.34	三丁基胺（$C_{12}H_{27}N$）		0.73	21.6
3	17.51	胡椒醛（$C_8H_6O_3$）		0.77	1.39
4	17.93	3,4-次甲二氧苄基氯（$C_8H_7ClO_2$）		0.87	0.62
5	18.43	1,3-苯并二噁茂-5-甲醇（$C_8H_8O_3$）		0.94	41.5
6	18.81	2,3-二甲氧基-苯甲醛（$C_9H_{10}O_3$）		0.93	4.84
7	19.13	2,3-二甲氧苄基异硫氰酸酯（$C_{10}H_{11}NO_2S$）		0.43	2.30
8	19.40	2,3-二甲氧苄基醇（$C_9H_{12}O_3$）		0.71	1.31
9	23.20	2,3-二甲氧基苯甲酸（$C_9H_{10}O_4$）		0.91	1.31
10	25.01	3-[3,4-次甲二氧苯基]-乙烯基腈（$C_{10}H_7NO_2$）		0.68	1.54
11	26.67	4,5-二甲氧基-异苯并呋喃-1,3-二酮（$C_{10}H_8O_5$）		0.96	3.15

编号	R.T./min	名称及分子式	结构式	相似度	含量/%
12	31.21	1,3-二恶茂并-7,8-二氢-[4,5-g]异喹啉-5（6H）-酮（$C_{10}H_9NO_3$）		0.97	12.8
13	40.48	（+-）-四氢碎叶紫堇碱（$C_{19}H_{19}NO_4$）		0.73	0.67
14	45.17	1,1'-联乙醯-3,3'-（1,3-丙二基）-二茂铁（$C_{17}H_{18}FeO_2$）		0.53	1.14

注：R.T.: Retention time。

表 5-6　UASB 出水中检出主要特征污染物及相对含量

编号	R.T./min	名称及分子式	结构式	相似度	含量/%
1	8.67	二丁基胺（$C_8H_{19}N$）		0.82	0.56
2	9.02	苯酚（C_6H_6O）		0.86	0.36
3	9.69	1,3-苯并二恶茂（$C_7H_6O_2$）		0.88	0.45
4	11.43	4-甲基苯酚（C_7H_8O）		0.92	0.74

5	14.36	三丁基胺（$C_{12}H_{27}N$）		0.77	77.5
6	18.56	N,N′-二丁基丁胺醇（$C_{12}H_{27}NO$）		0.77	1.99
7	31.19	1,3-二噁茂并-7,8-二氢-[4,5-g]异喹啉-5（6H）-酮（$C_{10}H_9NO_3$）		0.91	1.49

注：R.T.: Retention time。

表 5-7　MBR 出水中检出主要特征污染物及相对含量

编号	R.T./min	名称及分子式	结构式	相似度	含量/%
1	14.39	三丁基胺（$C_{12}H_{27}N$）		0.77	2.10
2	16.95	1-丁基-2-吡咯烷酮（$C_8H_{15}NO$）		0.75	2.01
3	21.15	N-（1-二甲基氨基亚甲基-2-氧代丙基）-乙酰胺（$C_8H_{14}N_2O_2$）		0.69	25.84
4	22.59	3,6-双（2-甲基丙基）-哌嗪-2,5-二酮（$C_{12}H_{22}N_2O_2$）		0.74	21.56

| 5 | 23.17 | 2-甲基-,1-（1,1-二甲基乙基）-2-甲基-1,3-丙二醇异丁酸酯（$C_{16}H_{30}O_4$） | | 0.74 | 6.81 |
| 6 | 51.74 | 13,13a-二氢-9,10-二甲氧基-2,3-（次甲二氧基）-小檗因（$C_{20}H_{19}NO_4$） | | 0.79 | 1.48 |

注 R.T.：Retention time。

中试 UASB-MBR 组合工艺进水中共检出 15 种有机物，其中绝大多数有机物为芳香族化合物，其中相对含量最高的是 1,3-苯并二噁唑-5-甲醇，其次为三丁胺，三丁胺是黄连素生产过程中的一种添加剂。此外，多数化合物均为黄连素中间体及其 Fenton 氧化产物。

UASB 出水经 MBR 处理后几乎所有污染物都得到完全的降解，剩余可检测到的有机物见表 5-10，其中相对含量最高的为 R.T.分别为 21.15 min、22.59 min、23.17 min 的 2 种酰胺和 1 种酯，其与进水中物质结构均存在较大差别，因此推断其可能为好氧微生物的代谢分泌物。此外，废水中仍残留极少量黄连素的好氧降解中间体（R.T.为 51.74 min）。这与批次试验结构一致，表明其可能是黄连素降解中的限速中间产物。综上可见，UASB-MBR组合工艺对 Fenton 预处理后黄连素废水中多种有机污染物具有较好的降解能力。

5.1.4　小结

1）采用 Fenton 氧化处理黄连素废水，随着 HRT 和 H_2O_2 投加量的增加，以及 Fe/H_2O_2 摩尔比的减小，COD 的去除率升高。对于 pH 的影响，在 pH 为 2～4 时，存在去除率先增加后减小的趋势，最佳的 pH 为 3.0～3.5。

2）随着 H_2O_2 投加量和 HRT 的增加黄连素的去除率呈现明显上升趋势，而对于 pH和 Fe/H_2O_2 摩尔比，则存在对于黄连素去除率的最优区域，最佳 pH 为 3.5 左右，而 Fe/H_2O_2在大于 0.2 和小于 0.12 时可获得较高的黄连素去除率。

3）Fenton 氧化的最优条件为 pH 为 3.07、H_2O_2/COD 为 0.75、Fe/H_2O_2 摩尔比为0.05、Q 为 250L/h（HRT 为 1h），该条件下可获得的黄连素和 COD 去除率分别为 87.15%和 25.5%。

4）中试 UASB-MBR 组合工艺对 Fenton 预处理后黄连素废水具有较好的处理效果，

在系统进水 COD 为 2 576～3 138 mg/L，进水黄连素为 19.2～400 mg/L 条件下，组合工艺的黄连素和 COD 的最高去除率在 95%以上，出水 COD 低于 150 mg/L，最低出水黄连素低于 0.5 mg/L。中试 UASB-MBR 组合工艺实现了 Fenton 预处理后黄连素废水中黄连素和其他污染物的有效处理。

5.2 湿式氧化-磷酸盐固定化处理磷霉素废水的研究

磷霉素制药废水是化学合成类磷霉素生产过程中的母液废水。废水中主要的污染物是一系列有机磷原料、中间体、副产物和成品磷霉素，此外废水中还含有醇类、苯胺类等溶剂和添加剂。废水中有机物浓度高，且有强烈抑菌性，致使废水微生物毒性大，极难降解。目前，对于磷霉素制药废水处理的研究仍然较少，磷霉素制药废水处理技术的研究显得极为迫切。

5.2.1 技术研发背景

湿式氧化（Wet Air Oxidation，WAO）是在高温（398～593 K）、高压（0.5～20 MPa）条件下，利用空气、氧气或其他氧化剂（如 H_2O_2、过氧化物等）氧化分解有机物的液相氧化技术[12,13]。研究发现，WAO 对于因有机物浓度高、含微生物毒性物质，常规生物法或其他物化处理方法无效而又不适于焚烧处理的高浓度有毒有机废水具有较好的处理效果和应用潜力[14]。截至 2007 年，全世界已有近 400 套 WAO 处理装置在处理石化、化工、制药废水以及污水处理厂剩余污泥的处理实践中得以应用。WAO 技术几乎可以无选择性地将所有难降解、有毒有机污染物部分氧化为易于生物降解中间体，因此，其被认为是目前条件下最有效和最具有应用前景的废水预处理技术之一，特别适用于极高浓度有毒有机废水的处理。

磷酸盐固定化回收技术包括磷酸钙（CP）沉淀法[15]和磷酸铵镁（MAP）结晶法[16,17]，是国内外废水除磷和磷资源化回收领域研究的热点[18]，该技术除磷效率高且稳定可靠，目前已在厌氧污泥上清液[19]、畜禽养殖废水[20-21]等富磷废水中营养元素磷的资源化回收中得到应用，但在工业废水方面，磷酸盐固定化技术的研究和应用仍然较少[22]。

本课题组采用湿式氧化-磷酸盐固定化组合工艺处理磷霉素制药废水。在湿式氧化条件下，利用分子氧作为氧化剂，将废水中高浓度 TOP 氧化分解为无机磷酸盐，分别考察了反应温度、氧分压和废水 pH 对废水中有机磷和 COD 降解的影响。对湿式氧化处理后的废水，分别采用 CP 沉淀法和 MAP 结晶法进行磷酸盐固定化回收，实现废水中磷元素的资源化。

5.2.2　材料与方法

试验采用 GSH-1 型永磁旋转搅拌高压反应釜（大连通达反应釜厂），如图 5-11 所示，釜体采用 316 L 不锈钢制成，设计温度为 350℃，设计压力为 22.0 MPa，有效容积为 2.0 L。反应釜设有气相和液相 2 个取样口，并配有永磁搅拌装置及内冷却盘管。

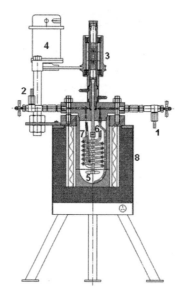

1—液相取样口；2—气相取样口；3—变速器；4—搅拌电动机；5—搅拌桨；

6—反应腔；7—冷却水盘管；8—反应釜体外壳

图 5-11　GSH-1 型高压反应釜结构图

取 800 mL 磷霉素制药废水装入反应器中，密闭后充入氮气保护，将废水预热至设定温度，开启搅拌，采用高压氧气钢瓶通入指定分压的氧气（基准温度 25℃）并记为零时刻，每隔一定反应时间通过液相取样口取水样分析，测定 COD、TP、PO_4^{3-}-P 变化。试验过程中维持搅拌转速 200 r/min。

磷酸盐固定化回收：室温（20～25℃）条件下在磁力搅拌器上进行烧杯试验。取一定量的湿式氧化处理出水，测定其中 PO_4^{3-}-P 含量。CP 沉淀法，按照 Ca^{2+}/PO_4^{3-} 摩尔比分别为 1.7∶1、2.0∶1、2.25∶1 和 2.5∶1 投加饱和 $CaCl_2$ 溶液，并采用 10 mol/L NaOH 溶液调节并维持反应体系 pH 为 9.0，反应 30 min，反应结束取上清液经 0.45 um 滤膜过滤，测定 PO_4^{3-}-P 浓度。MAP 结晶法，按照 $Mg^{2+}/NH_4^+/PO_4^{3-}$ 摩尔比分别为 1∶1∶1、1.1∶1∶1、1.2∶1∶1、1.1∶1.1∶1 和 1.2∶1.2∶1 投加饱和 $MgCl_2$ 与饱和 NH_4Cl 溶液，采用 10 mol/L NaOH 溶液调节体系 pH 为 8.5，反应 30 min，反应结束取上清液经 0.45 μm 滤膜过滤，

测定 PO_4^{3-}-P 质量浓度。

试验所用磷霉素制药废水主要水质指标见表 5-8。

表 5-8　磷霉素制药废水水质

水质指标	pH	COD/（mg/L）	TP/（mg/L）	PO_4^{3-}-P/（mg/L）	TOP/（mg/L）
浓度	11.19	72 750	9 500	1 275	8 225

5.2.3　结果与分析

（1）湿式氧化

①反应温度的影响

根据阿伦尼乌斯公式，反应温度直接影响反应物的活化能，从而直接决定湿式氧化反应的反应速率。在初始氧分压为 1.0 MPa 条件下，分别考察反应温度为 125℃、150℃、175℃、200℃、225℃、250℃时的污染物去除效果。

从温度对 TOP 去除的影响来看（图 5-12），随着反应温度的升高，TOP 的转化反应速率逐渐增加，反应温度为 200℃及其以上，反应时间为 180 min 条件下，TOP 的最终转化率相差不大，均在 99%以上；废水中剩余 TOP 在 100 mg/L 以下，可以实现废水中 TOP 的有效转化。反应温度在 200℃以下时，反应体系中 TOP 的最终转化明显受影响，在反应温度为 175℃，反应时间为 180 min 内时 TOP 的最终转化率仅为 80%左右。

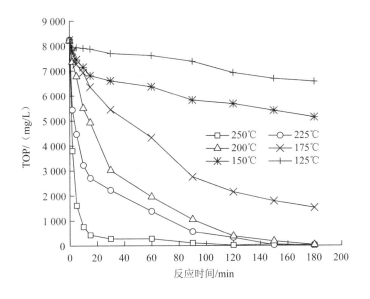

图 5-12　不同反应温度条件下 TOP 的去除

虽然提高反应温度可以明显缩短反应时间，但是同时反应温度的升高会显著增加对设备材料和防腐的要求，因此，相比较而言，反应温度采用200℃为宜。在湿式氧化条件下，有机物的去除一般分两步进行：第一步，有机物大分子破碎生成以有机酸（甲酸、乙酸、丙酸）为主的小分子有机物；第二步，小分子有机酸进一步被氧化分解为 CO_2。其中，有机酸的氧化步骤为COD降解的限速步骤。从不同反应温度下COD的去除情况来看（图5-13），反应温度为125～200℃时，随着反应温度的增加，COD的去除速率和最终去除率均逐渐增加，此时COD的去除主要停留在第一步，有机磷化合物中C—P键的断裂生成小分子羧酸和无机磷酸根，结合图5-12可以看出，反应温度为125～200℃时，TOP的转化率随着反应温度的升高而增加，这与COD的去除相对应。而反应温度为200～225℃条件下，已可以实现TOP的几乎完全转化，但同时，此时的反应温度还不足以使生成的小分子羧酸进一步转化为 CO_2，因此该温度区间内COD的去除率变化不大。而反应温度为250℃条件下，COD的去除率明显提高，可以推断，是小分子有机酸开始发生明显的氧化分解引起的。WAO对COD的去除是有机物氧化和热解过程的综合结果，热解过程中会产生诸如 H_2、CO、VOCs 等，这些物质的产生并从液相中溢出，使得反应温度在200℃以上时，COD的去除率均高于氧气的投加量（0.5倍COD）。在本反应条件下，反应温度为200℃即可以满足TOP转化的要求，但要进一步实现对废水中有机物的去除，反应温度需在250℃以上。

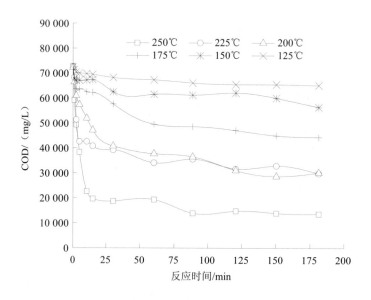

图 5-13　不同反应温度条件下 COD 的去除

②氧分压的影响

氧分压的大小决定了反应体系液相中溶解氧的浓度,因此增大氧分压可以增加 WAO 的反应速率。此外,分子氧作为氧化剂的条件下,氧分压大小也直接决定了体系氧化剂的投加量。在反应温度为 200℃条件下,分别考察氧分压为 1.0 MPa、3.0 MPa、4.0 MPa 和 6.0 MPa,对应氧化剂投加量分别为废水中 COD 的 0.5 倍、1.5 倍、2 倍和 3 倍条件下,废水中 COD 和有机磷的去除情况。

从不同氧分压条件下 TOP 的转化情况(图 5-14)可以看出,在反应体系中氧分压为 1.0 MPa 到 4.0 MPa 时,氧分压的增加对 TOP 转化过程的影响不明显,而反应体系中氧分压为 6.0 MPa 条件下,氧分压的增加可明显提高 TOP 的初始转化速率,反应时间为 60 min 即可实现废水中 TOP 的去除率在 99%以上,剩余 TOP 小于 50 mg/L。但氧分压的增加对有机磷的最终转化率影响不大。反应体系氧分压为 1.0 MPa 条件下,即可满足本工艺对废水中 TOP 去除的要求。

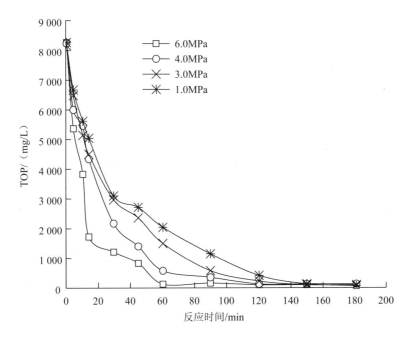

图 5-14 不同氧分压条件下 TOP 的去除

氧分压直接决定了氧化剂的投加量,直接影响反应体系中 COD 的去除,从图 5-15 中可以看出,随着反应体系氧分压从 1.0 MPa 增加至 4.0 MPa,对应氧化剂投加量分别为 COD 的 0.5～2.0 倍,反应体系 COD 的最终去除率从 57%增加至 67%,氧分压的增加造成系统总压的相应增加,使一部分低压条件下不可氧化分解的有机物进一步分解,从而提高了 COD 的去除率。此外，氧化剂投加量的增加也对 COD 去除率的增加有一定贡献。反应体系氧分压从 4.0 MPa 增加至 6.0 MPa，对应氧化剂投加量分别为 2.0～3.0 倍条件下，COD 的去除过程和最终去除率均无明显变化（仅从 67% 增加到 69%）。反应温度为 200℃ 条件下，氧分压为 4.0 MPa，对应氧化剂投加量为 COD 的 2.0 倍时，继续增加氧分压已无实际意义。因此，对于 COD 的去除，最佳的氧分压条件为 4.0 MPa。

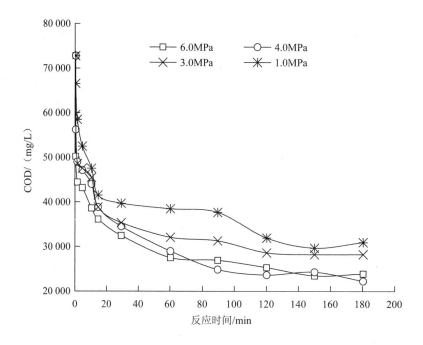

图 5-15　不同氧分压条件下 COD 的去除

③ pH 的影响

目前，普遍认为的 WAO 的反应机制为自由基反应，pH 的高低直接决定了氧化剂的氧化还原电位，且体系中自由基的产生和自由基反应的类型，直接受体系 pH 的影响。在体系反应温度为 200℃、氧分压 1.0 MPa 条件下，考察废水初始 pH 分别为 11.2、9.0 和 7.0 条件下，反应体系中 TOP 和有机物的去除情况。

图 5-16 为不同初始 pH 条件下，WAO 过程中溶液 pH 的变化，湿式氧化条件下，大分子有机物的分解产物主要为小分子羧酸类物质。酸类物质的产生导致反应过程中溶液 pH 下降。在初始 pH 分别为 11.2 和 9.0 条件下，反应体系 pH 在 15.0 min 内迅速下降至 7.95 和 7.38，并最终稳定在 6.82 和 6.54。在初始 pH 为 7.0 条件下，整个反应过程中反应体系 pH 均呈现平缓下降趋势，并最终稳定在 5.82。

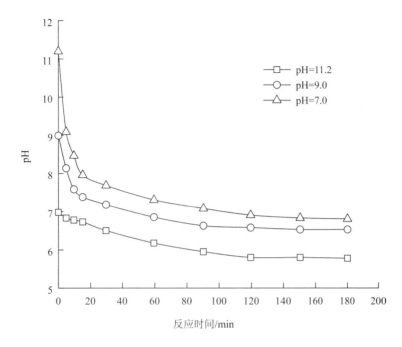

图 5-16 不同初始 pH 条件下 WAO 过程中溶液 pH 的变化

总体来看，废水初始 pH 对 TOP 的转化过程和 TOP 的最终转化率影响不大（图 5-17），但随着废水初始 pH 的升高，反应体系中 TOP 的转化效率略有增加。对于 COD 的去除，从图 5-18 可见，初始 pH 为 11.2 条件下反应体系中 COD 的去除明显优于初始 pH 为 7.0 和 9.0 的条件。一般来讲，高 pH 会在一定程度上降低氧化剂的氧化还原电位，从而影响 COD 的去除。但也有研究发现，对于有些特定的物质如磺酸类、酚类等，高 pH 有利于其 WAO 处理。磷霉素废水组成极其复杂，本研究中高 pH 对 COD 的去除有利，可能与废水中存在类似污染物有关。

综上所述，本研究所考察的 WAO 三个影响因素：反应温度、氧分压和废水初始 pH，其中反应温度对磷霉素废水 WAO 过程中 COD 和 TOP 的去除影响最大。反应温度决定了有机磷化合物的表观活化能，因此直接影响 TOP 转化的反应速率，通过提高反应温度可以实现废水中 TOP 近乎全部的分解；而对 COD 的去除，由于磷霉素废水组成复杂，且 WAO 常无法实现废水中有机物的完全矿化，一些小分子化合物（如小分子有机酸等）对 WAO 过程具有耐久性，对于这些小分子中间产物，只有当反应温度达到 230℃甚至 300℃ 以上，才能达到明显的处理效果，因此本研究中 WAO 对 COD 的去除并不理想，而 WAO 作为废水预处理手段，追求高的 COD 去除率是没有必要且不经济的，而应侧重于目标难降解污染物的降解。氧分压主要影响 TOP 的初始转化速率和 COD 的最终转化率，氧分压的增加可以提高液相溶解氧浓度并有利于高氧化能力自由基的形成，从而影响 TOP 的初始转化速率；同时，氧分压的增加增大了氧化剂的投加量，因此增加了 COD 的最终转化率。pH 对 WAO 过程的影响较复杂，一般条件下，低 pH 可以增大氧化剂的氧化还原电位，因此可以提高 WAO 处理效率；但对于呈现较强 Levis 碱性的有机物，高 pH 有利于其碱性基团的脱除和氧化，磷霉素废水中高浓度有机磷等碱性化合物的存在，使得本试验中 WAO 在较高的废水初始 pH 条件下，具有较高的 TOP 转化和 COD 去除效率。

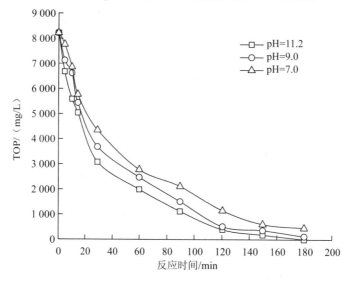

图 5-17　不同初始 pH 条件下 TOP 的去除

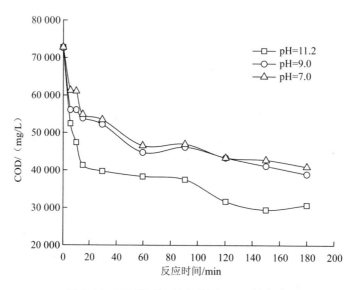

图 5-18　不同初始 pH 条件下 COD 的去除

（2）磷酸盐固定化回收

①磷酸盐回收效果分析

分别采用 CP 沉淀法和 MAP 结晶法对湿式氧化处理后废水（湿式氧化反应条件：反应温度为 200℃、氧分压为 1.0 MPa，废水初始 pH 为 11.0，反应时间为 180 min）进行磷酸盐固定化回收。

图 5-19 为不同钙、镁、铵盐投加量条件下，溶液中 PO_4^{3-}-P 的去除率和剩余 PO_4^{3-}-P 质量浓度。在 Ca^{2+} 与 PO_4^{3-} 摩尔比为 2∶1 以上，Mg^{2+}、NH_4^+ 与 PO_4^{3-} 摩尔比为 1.1∶1∶1 以上时，CP 和 MAP 磷酸盐固定化工艺均可以实现湿式氧化处理后废水中 PO_4^{3-}-P 的有效去除与回收，去除率在 99.9% 以上，剩余 PO_4^{3-}-P 质量浓度低于 5.0 mg/L。此外，对磷酸盐固定化反应后溶液中剩余 Ca^{2+}、Mg^{2+} 和 NH_4^+ 分析显示，在 Ca^{2+} 与 PO_4^{3-} 摩尔比为 2∶1 和 Mg^{2+}、NH_4^+ 与 PO_4^{3-} 摩尔比为 1.1∶1∶1 条件下，反应后溶液剩余 Ca^{2+}、Mg^{2+} 和 NH_4^+ 质量浓度为 312.0 mg/L、152.7 mg/L 和 43.2 mg/L。反应中 Ca^{2+}、Mg^{2+} 的用量略高于其理论值，其原因可能是在较高 pH 和较高离子强度条件下，部分 Ca^{2+}、Mg^{2+} 在参与生成磷酸钙和磷酸铵镁的同时，发生了极少量诸如碳酸钙、磷酸镁、镁碳酸等沉淀反应，同时少量磷酸镁的生成使得 NH_4^+ 的用量略低于其理论值。湿式氧化处理后废水中 PO_4^{3-}-P 质量浓度为 9 500 mg/L 左右，CP 和 MAP 磷酸盐固定化工艺可以实现磷霉素废水中磷酸盐固定化回收量 73.2 kg/m³（以 $MgNH_4PO_4 \cdot 6H_2O$ 计）。经湿式氧化-磷酸盐固定化组合工艺处理后废水中 99% 以上的有机磷类污染物被分解去除，废水毒性解除。同时废水 BOD_5/COD 从处理前的无法检出，提高至 0.59（Ca^{2+} 与 PO_4^{3-} 摩尔比为 2∶1）和 0.54（Mg^{2+}、NH_4^+ 与 PO_4^{3-} 摩尔比为 1.1∶1∶1）。处理后废水可通过进一步生化处理，最终实现达标排放。

②磷回收产物的表征

分别对 MAP 结晶法和 CP 沉淀法磷酸盐固定化回收产物进行 SEM 和 XRD 表征（图 5-20，反应条件：Mg^{2+}、NH_4^+ 与 PO_4^{3-} 摩尔比为 1.1∶1∶1、Ca^{2+} 与 PO_4^{3-} 摩尔比为 2∶1。其他反应条件下，回收产物的 SEM 和 XRD 分析结果与该反应条件下结果无明显差异）。从 MAP 结晶法磷酸盐固定化回收产物的 SEM 照片［图 5-20（a）］可以看出，回收产物具有结构规整的外形，同时从 XRD 分析结果可以看出［图 5-20（b）］，回收产物的衍射图谱与隶属于斜方晶系的 $MgNH_4PO_4 \cdot 6H_2O$ 的标准衍射图谱吻合较好，可以证明回收产物为组分较为纯净的 MAP 晶体，反应过程中其他镁盐沉淀的生成对 MAP 晶体纯度影响不大。

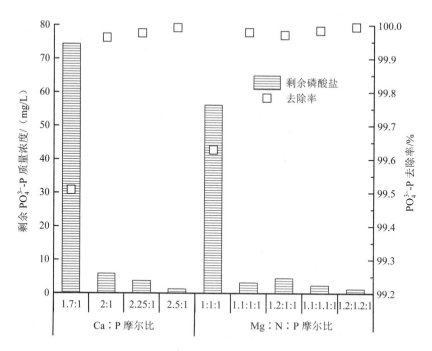

图 5-19　CP 沉淀法和 MAP 结晶法进行磷酸盐固定化回收比较

（a）MAP 回收产物的 SEM 照片

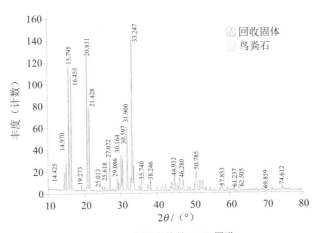

（b）MAP 回收产物的 XRD 图谱

（c）CP 回收产物的 SEM 照片

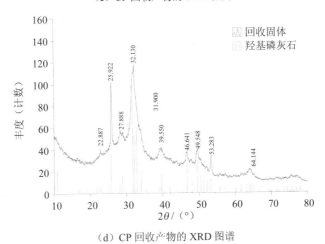

（d）CP 回收产物的 XRD 图谱

图 5-20　磷酸盐固定化回收产物的 SEM 照片和 XRD 分析结果

相比较而言,CP 沉淀法中磷酸盐回收的产物表现出一定的无定形形态[图 5-20(c)],而从 XRD 分析结果可以看出,回收产物表现出了较为明显的晶体衍射特征[图 5-20(d)],其与六角晶系的羟基磷灰石($Ca_5(PO_4)_3OH$,HAP)标准衍射图谱吻合度较好,同时一定量无定形磷酸钙盐的存在使 XRD 图谱表现出一定的散射特征,HAP 为磷酸钙盐中热力学最稳定的化合物,而在高饱和度以及高 pH 条件下(9.0~10.5)无定形磷酸钙是最易形成的磷酸钙盐化合物。本研究中,在高饱和度和高 pH(9.0)条件下,得到的回收产物呈现出较高的 HAP 形态,对于固定化产物的分离与回收是非常有利的。

5.2.4 小结

1)采用湿式氧化工艺处理磷霉素制药废水,废水 COD 为 72 750 mg/L,TOP 为 8 225 mg/L。在反应温度为 200℃、氧分压为 1.0 MPa、废水初始 pH 为 11.0 的条件下,湿式氧化工艺可以实现磷霉素废水中 TOP 去除率达 99%,COD 去除率达 54%。高反应温度、高氧分压以及高废水初始 pH 对 TOP 和 COD 的去除有利。

2)分别采用 CP 沉淀法和 MAP 结晶法对湿式氧化后磷霉素废水进行磷酸盐固定化回收,在 Ca^{2+} 与 PO_4^{3-} 摩尔比为 2:1 和 Mg^{2+}、NH_4^+ 与 PO_4^{3-} 摩尔比为 1.1:1:1 的条件下,CP 沉淀和 MAP 结晶法均可实现废水中磷酸盐固定化回收率在 99.9%以上,处理后废水残留 PO_4^{3-}-P 低于 5.0 mg/L。

3)对磷酸盐固定化回收产物的 SEM 和 XRD 表征显示,MAP 结晶法磷酸盐固定化回收产物为组成较为纯净的 $MgNH_4PO_4 \cdot 6H_2O$ 晶体,CP 沉淀法磷回收产物为含有一定量无定形磷酸钙的 HAP 晶体。

4)湿式氧化-磷酸盐固定化组合工艺可以在有效去除磷霉素废水中高浓度有机磷化合物的同时实现废水中磷的资源化回收,该组合工艺对于其他含高浓度有机磷化合物的有毒有机难降解废水,如有机磷农药废水的处理和资源化也有一定的借鉴意义。

参考文献

[1] Chelliapan S,Wilby T,Sallis P J. Performance of an up-flow anaerobic stage reactor(UASR)in the treatment of pharmaceutical wastewater containing macrolide antibiotics[J]. Water Research,2006,40 (3):507-516.

[2] 刘建厂,黄霞,俞毓馨. 固定化厌氧微生物处理四环素废水的研究[J]. 环境科学研究,1994,7(2):44-48.

[3] 余杰,买文宁,王爱芹. 厌氧工艺处理金霉素废水的比较研究[J]. 环境科学研究,2008,21(2):

154-157.

[4] Joss A，Zabczynski S，Göbel A，et al. Biological degradation of pharmaceuticals in municipal wastewater treatment：proposing a classification scheme [J]. Water Research，2006，40（8）：1686-1696.

[5] Yu T，Lin A，Lateef S，et al. Removal of antibiotics and non-steroidal anti-inflammatory drugs by extended sludge age biological process [J]. Chemosphere，2009，77（2）：175-181.

[6] Joss A，Keller E，Alder A，et al. Removal of pharmaceuticals and fragrances in biological wastewater treatment [J]. Water Research，2005，39（14）：3139-3152.

[7] 孙京敏，任立人，王路光，等. 水解酸化-膜生物反应器处理青霉素废水研究[J]. 哈尔滨工业大学学报，2007，39（8）：1241-1244.

[8] 罗国维，卢平，林世光. 生物水解酸化法处理高浓度洁霉素废水的降解机理研究[J]. 中国环境科学，1995，15（4）：284-288.

[9] Kim S D，Cho J，Kim I S，et al. Occurrence and removal of pharmaceuticals and endocrine disruptors in South Korean surface，drinking，and waste waters [J]. Water Research，2007，41（5）：1013-1021.

[10] Snyder S A，Adham S，Redding A M，et al. Role of membranes and activated carbon in the removal of endocrine disruptors and pharmaceuticals[J]. Desalination，2007，202（1/2/3）：156-181.

[11] Göbel A，Mcardell C S，Joss A，et al. Fate of sulfonamides，macrolides，and trimethoprim in different wastewater treatment technologies [J]. Science Total Environment，2007，372（2/3）：361-371.

[12] 曾新平，唐文伟，赵建夫，等. 湿式氧化处理高浓度难降解有机废水研究[J]. 环境科学学报，2004，24（6）：645-649.

[13] Zeng X P，Tang W W，Zhao J F，et al. Study on wet air oxidation of strength recalcitrant organic wastewater [J]. Acta Scientiae Circumstantiae，2004，24（6）：645-649.

[14] Levec J，Pinter A. Catalytic wet air oxidation processes：A review [J]. Catalysis Today，2007，124（3/4）：172-184.

[15] 赵彬侠，李红亚，刘林学，等. Mn/Ce 复合催化剂湿式氧化降解高浓度吡虫啉农药废水的研究[J]. 环境科学学报，2007，27（3）：408-412.

[16] Song Y H，Weidler P G，Berg U，et al. Calcite-seeded crystallization of calcium phosphate for phosphorus recovery [J]. Chemosphere，2006，63（2）：236-243.

[17] Wang J S，Song Y H，Yuan P，et al. Modeling the crystallization of magnesium ammonium phosphate for phosphorus recovery [J]. Chemosphere，2006，65（7）：1182-1187.

[18] Song Y，Yuan P，Zheng B，et al. Nutrients removal and recovery by crystallization of magnesium ammonium phosphate from synthetic swine wastewater [J]. Chemosphere，2007，69（2）：319-324.

[19] Song Y，Yuan P，Qiu G，et al. Research on nutrient removal and recovery from swine wastewater in

China[A]//Ashley K，Mavinic D，Koch F，Eds. International Conference on Nutrient Recovery from Wastewater Streams[C]. London：IWA Publishing，2009：327-338.

[20] Hafner S D，Bisogni J J. Modeling of ammonia speciation in anaerobic digesters [J]. Water Research，2009，43（17）：4105-4114.

[21] Suzuki K，Tanaka Y，Kuroda K，et al. Removal and recovery of phosphorous from swine wastewater by demonstration crystallization reactor and struvite accumulation device [J]. Bioresour Technology，2007，98（8）：1573-1578.

[22] Qiu G L，Cui X Y，Song Y H，et al. Nutrient removal and recovery from swine wastewater using MAP crystallization process [A]. The 2nd IWA Asia Pacific Regional YWP Conference [C].Beijing，2009，236-244.

[23] Ryu H D，Kim D，Lee S I. Application of struvite precipitation in treating ammonium nitrogen from semiconductor wastewater [J]. Journal of Hazardous Materials，2008，156（1/3）：163-169.

第6章　高浓度制药废水资源化回收利用技术

高浓度制药废水中往往含有大量难降解有机和无机污染物，直接处理难度大、效果差，并且处理成本很高。由于废水中的这些高浓度污染物往往是制药过程中残留的生产原料或过程副产物，若经过妥当的回收并加以利用，不但可以有效降低废水处理难度，还可以实现废水中有价物质的回收利用，具有很高的经济性。本章以高浓度黄连素和金刚烷胺制药废水为例，重点介绍了铁碳微电解、沉淀结晶、树脂吸附和络合萃取等技术在制药废水处理和资源化过程中的应用。

6.1　铁碳微电解处理黄连素含铜废水及铜的回收

6.1.1　铁碳微电解技术

铁碳微电解是一种利用金属的腐蚀电化学过程形成原电池的废水处理工艺。该工艺在 20 世纪 60 年代开始研究并被应用于废水的处理当中。该工艺处理难降解有毒工业废水具有处理效果好、适用范围广以及运行成本低等优点，并且具有"以废治废"的特点，近年来广泛应用于印染、制药、石化、电镀等工业废水的处理中，取得了较好的效果。

6.1.2　黄连素含铜废水

黄连素含铜废水产生于黄连素生产过程中的脱铜反应环节，化学合成生产黄连素的环合反应和脱铜反应[1]，如图 6-1 所示。脱铜反应是盐酸缩合物与乙二醛和无水氯化铜经过环合反应生成黄连素铜盐，黄连素铜盐在 HCl 的存在下与双氧水反应，脱铜生成黄连素粗品，黄连素粗品再经过精制得到黄连素成品的过程。黄连素铜盐的生成和脱铜得到黄连素粗品都在一个工艺单元中完成。在这个过程中 $CuCl_2$ 作为催化剂，促使胡椒醛环合得到黄连素铜盐，接下来是 Cu^{2+} 的脱除。产生的废水主要为反应废液和黄连素粗品清洗液的混合物，其成分包括黄连素、铜离子以及反应过程中的其他中间产物。

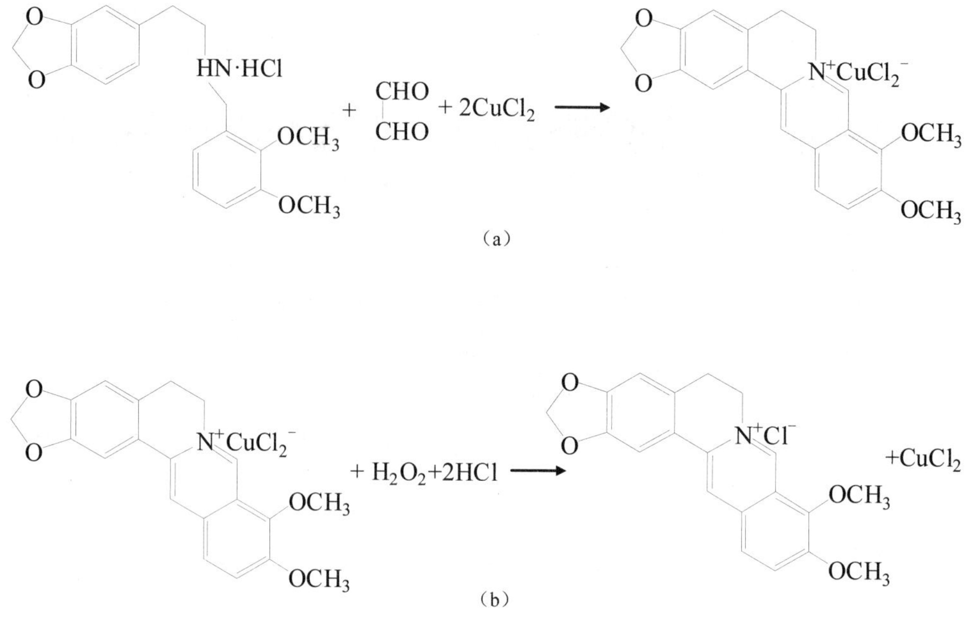

(a)

(b)

图6-1 黄连素环合反应及脱铜反应示意图

以东北某制药厂为例，其黄连素含铜废水主要来源于合成黄连素粗品的脱铜反应工艺，废水产生量约为30 t/d。黄连素含铜废水呈绿褐色，具有强烈的刺激性气味，主要水质指标如表6-1所示。

表6-1 含铜黄连素废水原水水质

项目	COD/ （mg/L）	Cu^{2+}/ （mg/L）	TN/ （mg/L）	BOD/ （mg/L）	黄连素/ （mg/L）	SO_4^{2-}/ （mg/L）	Cl^-/ （mg/L）	pH
范围	60 000～ 80 000	12 000～ 18 000	150～ 406	0	1 700～ 1 900	184～ 16 990	8 350～ 16 990	0.04～ 0.09
均值	70 000	15 000	278	0	1 800	12 670	12 670	0.07

由表6-1可知，黄连素含铜废水水质波动较大，呈极强的酸性，有机污染物含量很高并含有较高浓度的黄连素，可生化性极低。此外，废水还含有较高浓度的重金属和无机盐，生化处理难度极大。根据黄连素含铜废水的上述特点，考虑到废水中的铜离子浓度较高并且具有较强的回用价值，研究对其进行资源化回收，不但能取得较好的经济效益，还能降低后续的处理难度。

含铜废水的处理方法主要有沉淀法[2]、电解法[3-5]、吸附法[6,7]等，但这几项技术在应用中均存在一定的问题或限制条件：化学沉淀法一般需要在碱性条件下进行，而且沉淀后分离难度较大；电解法对废水中铜的去除效果较好，但阴极析出的铜附着在极板上，回收操作过程烦琐，同时电解法的高能耗也限制了其规模化应用；吸附法虽然对水中 Cu^{2+} 有较好的吸附去除效果，但用于高浓度废水处理时处理效果较差，且吸附材料的再生成本很高。针对上述问题，通过改进铁碳微电解技术，实现了废水中高浓度铜离子的高效回收及资源化。

6.1.3　铁碳微电解法处理含铜黄连素废水

铁碳微电解技术集活性炭吸附、铁碳微电解及铁的氧化还原作用、混凝沉淀等作用于一体[8,9]。经铁碳微电解技术预处理后，废水中具有生物毒性的黄连素结构被破坏，通过活性炭的吸附以及絮凝沉淀作用去除大量 COD，提高废水的可生化性，降低了其对后续生化处理单元的冲击。

铁碳微电解的处理效果如图 6-2 所示，铁碳微电解对黄连素和铜离子处理效果明显，经 90 min 反应后，铜离子的出水质量浓度可以降至 100 mg/L 以下，去除率达到 99%以上；黄连素的出水质量浓度约为 700 mg/L，去除率在 60%以上。

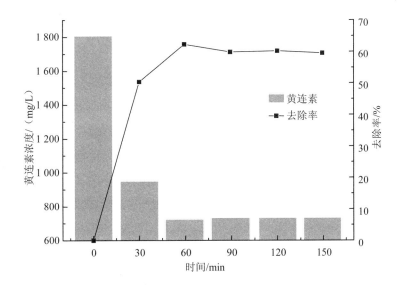

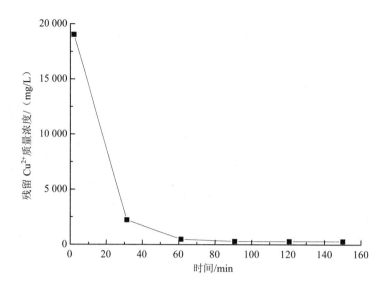

图 6-2 铁碳微电解法处理含铜黄连素废水效果

6.1.4 铜的回收

$CuCl_2$ 是黄连素的生产过程中一种必不可少且消耗量较大的原材料,产生的废水中含有高质量浓度的 Cu^{2+},若对其进行资源化回收将产生明显的经济效益。按照图 6-3 工艺路线图回收废水中的 Cu^{2+},废水经过微电解反应后,对其进行压滤,将滤液与生活污水混合后进入后续生化处理工艺;对滤渣进行焚烧、提纯、酸化后得到 $CuCl_2$ 成品;同时该 $CuCl_2$ 成品可作为生产黄连素药品过程中催化剂原料,进而实现铜的循环利用,该工艺可实现处理吨水回收铜 12～13 kg(以 Cu 计)。对废水中的 Cu^{2+} 处理和回收后,可有效避免铜的无效消耗,既降低了成本,又能减少环境污染。

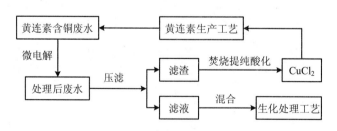

图 6-3 含铜黄连素废水处理及铜回收工艺流程

6.1.5　小结

采用铁碳微电解工艺处理初始 Cu^{2+} 质量浓度约为 20 000 mg/L、黄连素质量浓度为 1 700～1 900 mg/L 的含铜黄连素制药废水,当废水 pH 在 2.0～3.0,铁粉和废炭投加量分别为 25 和 30 g L 时,反应 90 min 后,黄连素的去除率达 70%以上,Cu^{2+} 的去除率高达 99.9%以上,出水中 Cu^{2+} 质量浓度低于 20 mg/L,处理每吨水可回收 12～13 kg 铜,可有效实现废水中铜的回收和资源化,具有良好的经济效益和社会效益。

6.2　"沉淀结晶-树脂吸附"回收制药废水中的铜

黄连素含铜废水来源于化学合成法生产黄连素工艺中的脱铜反应过程。作为有机反应中的催化剂,Cu^{2+} 是废水中存在的主要金属离子。采用化学沉淀法和树脂吸附法结合处理黄连素含铜废水,不仅能够使废水达标排放,而且可以碱式氯化铜的形式回收废水中的 Cu^{2+} 等有价物质,而碱式氯化铜一般用作农药中间体、医药中间体、木材防腐剂、饲料添加剂,具有较高的经济价值。

6.2.1　"沉淀结晶-树脂吸附"工艺流程

该技术通过向废水中加碱,控制废水 pH 条件,能实现 99.9%的 Cu^{2+} 沉淀分离,上清液采用树脂吸附的方式进一步降低废水中的 Cu^{2+} 与黄连素,使其满足后续工艺要求,而沉淀物经过压滤、清洗等处理后以碱式氯化铜的形式得以回收。废水处理工艺流程如图 6-4 所示。

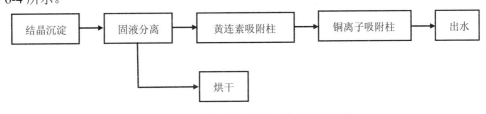

图 6-4　"沉淀结晶-树脂吸附"工艺流程

6.2.2　"沉淀结晶-树脂吸附"处理效果

试验中所用含铜黄连素废水水质见表 6-2。

表 6-2　试验用含铜黄连素废水水质

指标	COD/（mg/L）	TOC/（mg/L）	Cu^{2+}/（mg/L）	黄连素/（mg/L）	Cl$^-$/（mg/L）	pH
数值	12 215	3 775	29 875	516	16 094	0.32

6.2.2.1　沉淀结晶小试效果

沉淀结晶法回收废水中铜的过程可分为 3 个阶段：

（1）酸碱中和阶段

黄连素含铜废水中含大量 H$^+$，初始 pH 约为 0.3，通过往废水中投加 NaOH 溶液调节废水 pH 至 4.0 左右。

（2）碱式氯化铜结晶阶段

继续投加 NaOH 溶液，当 pH 达到 4.0 以上时，废水中开始逐渐产生碱式氯化铜结晶，在 pH 为 7.0 左右时反应完全。

（3）固液分离阶段

沉淀结晶反应后的固液混合物，通过静置 2.0 h 或以 4 000 r/min 的转速离心 2 min，可实现较好的分离效果，结晶产物为碱式氯化铜。沉淀结晶小试试验如图 6-5 所示。

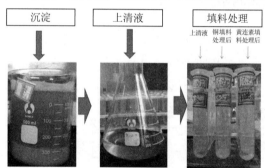

图 6-5　结晶沉淀回收碱式氯化铜小试试验

6.2.2.2　离子交换树脂吸附小试效果

沉淀结晶可实现废水中 Cu^{2+} 的高效去除，沉淀后上清液中仍残留一定浓度的 Cu^{2+} 和黄连素，通过树脂吸附可进一步降低废水中污染物浓度，回收残留的黄连素和 Cu^{2+}。

黄连素和 Cu^{2+} 的吸附试验在离子交换柱中进行。黄连素吸附试验在高 10.0 cm、内径 2.0 cm 的树脂吸附柱中进行，采用蠕动泵以 31.4 mL/h 的流速进样，出水黄连素质量浓度采用 HPLC 测定；Cu^{2+} 吸附试验在高 5.0 cm、内径 1.0 cm 的树脂吸附柱中进行，采用

3.925 ml/h 的流速进样，出水 Cu²⁺ 采用原子吸收法测定。

树脂吸附试验结果如表 6-3 所示，可以看出，经树脂吸附后 99% 以上的黄连素得到回收，出水中 Cu²⁺ 质量浓度小于 1.0 mg/L，经吸附处理后的废水中经处理后黄连素和 Cu²⁺ 质量浓度大幅降低，达到排放标准可以直接排放。

表 6-3　树脂吸附实验结果　　　　　　　　　　　　　　单位：mg/L

指标	样品废水	沉淀上清液	铜填料处理后	黄连素填料处理后
Cu²⁺	29 875	11.4	0.95	——
黄连素	516.2	449.86	——	3.39

6.2.2.3　"沉淀结晶-树脂吸附" 中试试验效果

在小试试验的基础上，开展 "沉淀结晶-树脂吸附" 技术处理含铜黄连素制药废水中试试验，结晶沉淀搅拌反应器设计体积为 600 L，沉淀物采用箱式压滤机进行固液分离，压滤机出水采用纸袋过滤器过滤；黄连素吸附柱设计柱体积为 50 L，设计流速为 1.0 BV/h，铜离子吸附柱设计柱体积为 10 L，设计流速为 1.0 BV/h。中试试验流程及实验装置如图 6-6、图 6-7 所示。

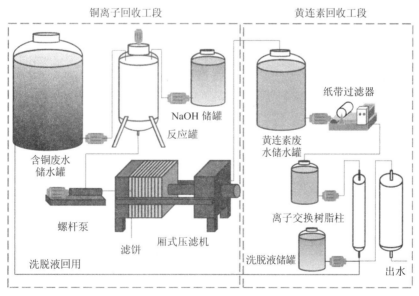

图 6-6　中试试验设计图

图 6-7　中试装置实物图

中试试验采用批次运行的方式，连续运行 10 个批次的试验结果如表 6-4 所示。碱式氯化铜结晶试验中，pH 大于 7.0 时 Cu^{2+} 质量浓度变化不大，稳定在 20 mg/L 以下。出水 COD 由于反应器较大导致取样不均匀等原因，变化规律不明显。在 pH 自动控制加碱过程中，碱泵的流速和 pH 探头在反应器中的深度是影响最终 pH 的重要因素。流速过大和 pH 探头深度过大均易导致最终 pH 偏高。

表 6-4　"沉淀结晶-树脂吸附" 工艺中试运行数据

批次	出水 pH	出水 COD/（mg/L）	进水铜质量浓度/（mg/L）	出水铜质量浓度/（mg/L）	铜离子去除率/%
1	13.30	29 110	7 700	0.93	99.9
2	11.33	32 680	7 700	0.58	99.9
3	9.67	45 850	7 700	1.03	99.9
4	8.15	37 660	7 700	3.24	99.9
5	8.11	36 100	7 700	3.50	99.9
6	7.67	39 690	7 700	17.62	99.9
7	7.62	36 570	8 200	16.25	99.9
8	6.59	39 500	8 200	19.86	99.9
9	7.12	35 850	8 200	9.07	99.9
10	7.25	36 930	8 200	10.72	99.9

反应完成后悬浮液经螺杆泵泵入压滤机分离，泥水分离效果较好，出水固体含量约为 1.0 g/L，压滤后固体与滤布间黏度不大，容易卸料（图 6-8）。

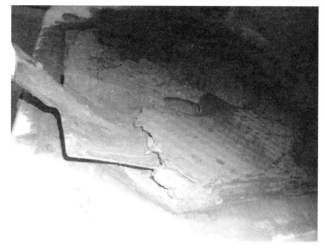

图 6-8　压滤机卸料图

沉淀结晶后的上清液采用离子交换树脂柱吸附，试验中进水 Cu^{2+} 质量浓度为 23.8 mg/L，黄连素质量浓度为 820 mg/L，Cu^{2+} 吸附柱流速为 10.0 BV/h，黄连素吸附柱流速为 2.0 BV/h，出水水质结果见表 6-5。可以看出，经树脂吸附处理后，出水黄连素质量浓度在 239～432 mg/L，而 Cu^{2+} 质量浓度则降至 0.5 mg/L 以下。

表 6-5　树脂吸附运行数据

时间/h	出水黄连素质量浓度/（mg/L）	出水 Cu^{2+} 质量浓度/（mg/L）
1.0	239.97	0.05
2.0	376.39	0.176
3.0	366.32	0.281
4.0	413.06	0.459
5.0	421.04	0.360
6.0	432.63	0.501

6.2.2.4 "沉淀结晶-树脂吸附"技术工程应用

"沉淀结晶-树脂吸附"技术在东北某制药厂开展工程规模的应用（图 6-9），所用结晶沉淀反应器有效容积为 5.0 m³，采用 pH 自动控制器添加质量分数为 45% 的 NaOH 碱液，添加流速为 20.0 L/min，搅拌速度为 120 r/min。工程运行试验结果见表 6-6。

图 6-9　工程试运行现场照片

表 6-6　工程试运行条件及结果

序号	反应时间/min	加碱量/L	进水 Cu^{2+}/（mg/L）	出水 Cu^{2+}/（mg/L）
1	30	400	12 500	32.3
2	32	400	12 500	35.2
3	35	400	12 500	25
4	36	400	12 500	22.4
5	33	340	12 500	40.2
6	37	330	12 500	19.2
7	35	420	12 500	25.4
8	30	410	12 500	36.3
9	31	330	12 500	29.8
10	34	360	12 500	36.5
11	37	430	12 500	22.9
12	31	490	12 500	17.6
平均	33	392	12 500	28.5

搅拌罐进水和压滤机压滤时间与原工艺一致，各 15 min/罐。加碱反应时间约为 30 min/罐；每批（2 罐）周期缩短 1.0～1.5 h。滤饼产量平均 650 kg/批，为原工艺的 1.4～ 1.5 倍。经取样检测，滤饼铜离子含量为 23.4%，比中试数据高出 3.4%，而该工艺处理后 的 Cu^{2+} 出水质量浓度可以达到 50 mg/L 以下。

6.2.3　小结

含铜黄连素废水（pH 为 1.0～3.0，铜离子质量浓度在 8 000～20 000 mg/L）经结晶沉淀 处理后，99% 以上的 Cu^{2+} 被去除，出水 Cu^{2+} 质量浓度低于 20 mg/L，远低于现有处理工艺的效果；树脂吸附后出水 Cu^{2+} 低于 1.0 mg/L，达到后续处理单元的要求。

该集成技术通过沉淀-结晶的方法以碱式氯化铜的形式回收废水中的 Cu^{2+}，采用树脂吸附的方法回收废水中黄连素等有价物质，工艺操作简单，对高浓度含铜废水具有较好的处理效果且具有较佳的经济效益，能同时回收废水中的 Cu^{2+} 与黄连素等有价物质，具有很好的应用前景。

6.3 金刚烷胺制药废水萃取分离资源化技术

络合萃取法是一种基于络合反应的萃取分离方法，对于极性有机溶液的分离具有高效性和选择性。通过含有络合剂的萃取溶剂和溶液中待分离的极性溶质接触形成络合物，并使其转移到有机相中，从而分离出被萃取物，同时使络合萃取剂再生，再生萃取剂可以返回工艺中循环使用。目前，该方法已经成为化工分离领域研究的重要方向，并在废水的处理及资源化方面取得了重要进展。

6.3.1 金刚烷胺制药废水

金刚烷胺是一种治疗神经性疾病的药物，多用于帕金森病的治疗，此外，由于其对多数甲型流感病毒株具有很强的抑制作用，在临床上还被广泛用于流感病毒 A 型感染性疾病的治疗。目前，国内药厂多采用化学合成的工艺生产金刚烷胺，其生产过程产生的废水中含有较高浓度的金刚烷胺及其衍生物，这类物质的可生物降解性差，若不经过处理直接排放或处理不当，将给受纳水体和水环境带来严重的危害[17]。目前，国内外关于金刚烷胺制药废水处理的研究尚少。邹倩等采用结晶法处理金刚烷胺废水，虽然能有效降低废水中金刚烷胺浓度并实现对产物的回收，但会造成大量碱液的产生。Fenton 法和铁碳微电解虽然能有效去除废水中金刚烷胺，但在实际工程应用中存在处理成本高、资源浪费大等方面的问题。因此，有必要开发经济高效的金刚烷胺废水处理及资源化技术。采用萃取、吸附等方法将制药废水中污染物分离出来，不仅可以净化废水，减轻污染和进一步处理的难度，而且有望实现有价污染物回收，尤其适于高浓度制药废水的源头污染控制。

6.3.2 络合萃取技术对水中金刚烷胺的分离效果

6.3.2.1 络合剂的筛选

选择 11 种工业常用的化学试剂作为络合剂，分别为苯（C_6H_6）、甲苯（C_7H_8）、二甲苯（C_8H_{10}）、甲基异丁酮 MIBK（$C_6H_{12}O$）、丙烯酸丁酯 BA（$C_7H_{12}O_2$）、四氯甲烷 CCl_4、

三氯甲烷 CHCl$_3$、磷酸三丁酯 TBP（C$_{12}$H$_{27}$O$_4$P）、二（2-乙基己基）磷酸酯 P$_{204}$、正辛醇（C$_8$H$_{18}$O）和煤油，后两者也常作为稀释剂使用。配制的模拟废水中金刚烷胺质量浓度为 1 139.6 mg/L，在溶液初始 pH 为 8.0，油/水相比为 1∶1 的条件下，考察了不同种类络合剂对水中金刚烷胺的萃取效果，结果如图 6-10 所示。由图 6-10 可以看出，所选的 11 种络合剂中，多数络合剂的萃取效率都在 30.0% 以下，而 P$_{204}$ 的萃取效率远高于其他萃取剂，达到 99.9% 以上。由金刚烷胺的性质和结构可知，金刚烷胺属于 Lewis 碱，容易被酸性络合剂萃取，实验所采用的 P$_{204}$ 属于磷酸类萃取剂，对金刚烷胺的具有较高的萃取效率。

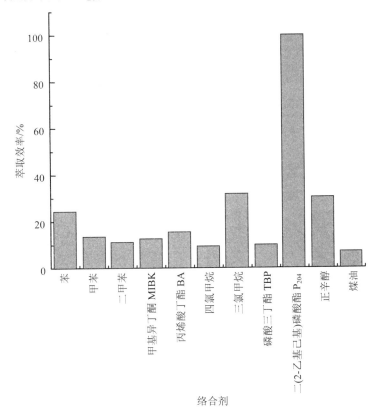

图 6-10　络合剂种类对萃取效率的影响

6.3.2.2　稀释剂的筛选

在络合萃取过程中，由于络合剂本身黏度较大，或者络合萃取过程中生成的萃合物溶解性较差，容易导致整个体系中油水两相难以分离，而通过向其中加入一定比例的稀释剂，可以调节复配后萃取剂的黏度，改善萃合物的溶解性，便于油水两相的分离，提高络合剂的萃取性能。本实验主要考察了正辛醇和煤油两种稀释剂的影响。

表 6-7　稀释剂的影响

萃取剂	平衡时水相质量浓度/（mg/L）	平衡时油相质量浓度/（mg/L）	分配系数 D	萃取效率/%
P_{204}	0.96	1 138.65	1 186.09	99.92
80% P_{204} - 20%正辛醇	1.22	1 138.39	933.11	99.89
60% P_{204} - 40%正辛醇	1.59	1 138.02	715.74	99.86
40% P_{204} - 60%正辛醇	4.61	1 135.00	246.20	99.60
20% P_{204} - 80%正辛醇	12.63	1 126.98	183.15	98.89
正辛醇	716.41	423.20	0.59	37.14
80% P_{204} - 20%煤油	0.95	1 138.66	1 198.59	99.92
60% P_{204} - 40%煤油	1.29	1 138.32	882.42	99.89
40% P_{204} - 60%煤油	4.53	1 135.08	250.57	99.60
20% P_{204} - 80%煤油	9.98	1 129.63	113.19	99.12
煤油	981.12	158.49	0.16	13.91

从表 6-7 可以看出，P_{204} 的分配系数较高，其数值高达 1 186.09，这从另一个侧面证明了 P_{204} 作为络合剂的高效性。在实验过程中，由于 P_{204} 自身黏度较大，加入水溶液后导致水相乳化而呈现出严重的乳白色，分相缓慢。加入稀释剂后，分配系数虽有所降低，但乳化现象明显减弱，分相速度加快，同时也保持了对废水中金刚烷胺的高效分离。即使加入 80.0%的稀释剂，萃取效率仍然高达 99.0%左右。由此可以看出，选用 P_{204} 作为络合剂、正辛醇或者煤油作为稀释剂的复配萃取体系，能够实现对模拟溶液中金刚烷胺的高效萃取。

加入同样体积的稀释剂，以煤油作为稀释剂的萃取效果略优于正辛醇。但煤油是一种烃类物质的混合物，不利于后续的反萃取分离。因此，在后续的实验中采用正辛醇作为稀释剂。

6.3.2.3　络合剂浓度影响

萃取络合分离原理是利用萃取剂与模拟溶液中的待分离物质发生络合反应，使生成的络合物在油水两相中进行分配，从而达到分离的目的[23]。因此，萃取剂中络合剂的浓度决定着萃取过程是否完全。络合剂浓度对萃取效果的影响见图 6-11。图中横坐标字母 p 代表 P_{204}，为络合剂；o 代表正辛醇，为稀释剂。"4p+1o"表示络合剂 p 占萃取剂总体积的 4 份，稀释剂 o 占 1 份（其他类推）。

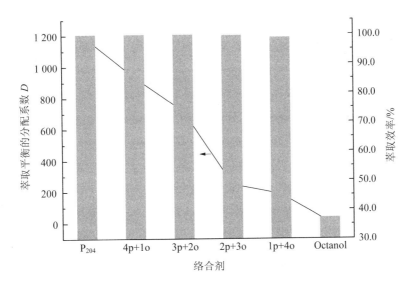

图 6-11　络合剂含量的影响

由图 6-11 可以看出，络合剂含量的变化对萃取平衡的分配系数具有显著影响。随着萃取剂中络合剂含量的降低，萃取平衡的分配系数呈明显下降趋势。以正辛醇作稀释剂，当络合剂的含量从 80.0%降低到 20.0%时，分配系数从 933.1 降至 183.2。但是，络合剂含量对模拟废水中金刚烷胺的萃取分离效率影响却不大，都保持在 99.0%以上。对于质量浓度为 1 139.6 mg/L 的金刚烷胺模拟溶液，使用含 20.0%络合剂的萃取剂便可实现对金刚烷胺的完全络合和高效萃取分离。

6.3.2.4　初始 pH 的影响

实验采用金刚烷胺盐酸盐配制质量浓度为 1 000 mg/L 模拟金刚烷胺废水，由于在不同 pH 条件下，金刚烷胺呈现出分子或离子两种不同的状态[24]，因此，溶液的 pH 可能会对萃取分离过程产生影响。实验采用 1.0 mol/L 的 HCl 和 5.0 mol/L 的 NaOH 调节溶液的 pH，采用 P$_{204}$：正辛醇=3：2 的复配萃取剂，在油/水相比为 1：1 条件下考察了溶液初始 pH 对萃取过程的影响，结果见图 6-12。随着溶液 pH 的增加，萃取平衡的分配系数大致呈上升趋势，但对萃取效率的影响不大，均保持在 99.7%左右。对于金刚烷胺质量浓度为 1 000 mg/L 的模拟溶液，在溶液 pH 为 8.0～10.0 的条件下有利于金刚烷胺的萃取分离。

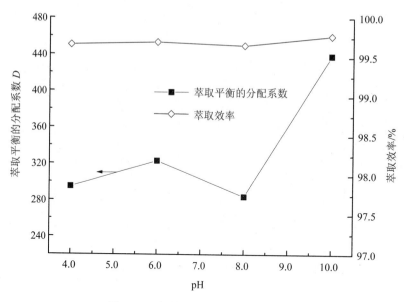

图 6-12　初始 pH 对萃取过程的影响

6.3.2.5　油/水比的影响

油/水比的大小决定了萃取剂的用量以及萃取平衡所能达到的程度。在溶液初始 pH 为 8.0，采用 P_{204}：正辛醇=3：2 的复配萃取剂，对含 1 000 mg/L 金刚烷胺的模拟溶液进行了萃取研究，考察了 4 个油/水比（2：1、3：2、1：1 和 1：2）的影响，结果见图 6-13。由图 6-13 可以看出，随着油/水比的减小，萃取效率有所减小，但总体相差不大，在 99.3%～99.8%变化。采用较小的油/水比，有利于节约萃取剂，提高萃取剂的利用效率。

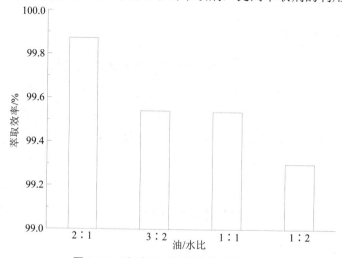

图 6-13　油/水比对的萃取效率的影响

6.3.2.6　金刚烷胺初始浓度的影响

在溶液初始 pH 为 8.0，油/水比为 1∶1 的条件下，采用 P_{204}∶正辛醇=3∶2 的复配萃取剂分别萃取初始质量浓度为 500 mg/L、1 000 mg/L、4 000 mg/L、8 000 mg/L 和 10 000 mg/L 的金刚烷胺模拟废水，实验结果如图 6-14 所示。

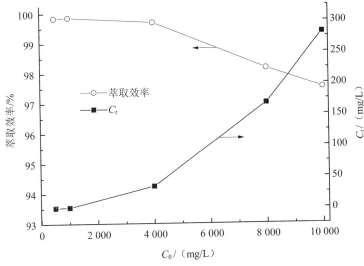

图 6-14　金刚烷胺浓度对萃取效率的影响

由图 6-14 可以看出，模拟废水中金刚烷胺初始质量浓度由 500 mg/L 增加至 10 000 mg/L 时，金刚烷胺的萃取效率由 99.8%降低至 97.5%，萃取后溶液中残留的金刚烷胺质量浓度由 0.88 mg/L 增大至 281.8 mg/L。金刚烷胺的萃取效率随浓度的增大而降低，主要原因为金刚烷胺浓度的变化影响其在两相中的活度系数，而活度系数的变化影响金刚烷胺在有机相中的溶解度，从而影响金刚烷胺的萃取率。在现有萃取体系和萃取条件下，金刚烷胺的萃取效率是始终保持在 97.0%以上，络合萃取法分离回收水溶液中的金刚烷胺具有较高的效率。对于浓度较高的金刚烷胺溶液，虽经单级萃取后萃余液中仍残留一定浓度的金刚烷胺，但可以采用二级萃取或多级萃取的方法来进一步提高萃取效率[25]。

6.3.2.7　金刚烷胺初始浓度的影响

实验首先采用 P_{204}∶正辛醇=3∶2 及 P_{204}∶正辛醇=1∶4 的复配萃取剂，按照 1∶1 的相比对质量浓度为 1 000 mg/L 的模拟溶液进行萃取分离。然后以得到的萃取液为研究对象，以 HCl 溶液为反萃取剂，按照 1∶1 的相比进行反萃取。实验中考察了 HCl 溶液浓度对反萃取过程的影响，结果见图 6-15。

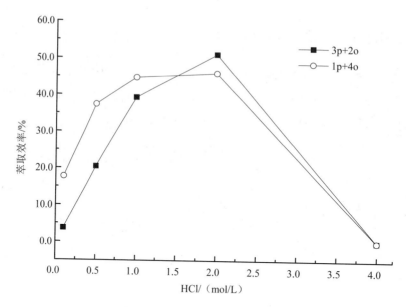

图 6-15　反萃取剂浓度的影响

由图 6-15 可以看出，当盐酸溶液在 0.5～4.0 mol/L 逐渐增加时，反萃取效率呈现出先增大后减小的趋势。当盐酸溶液的浓度为 2.0 mol/L 时，反萃取效果最好，反萃取效率为 51.1%，再生后的萃取液可以循环使用，回收得到的金刚烷胺盐酸溶液可以回用到生产工艺中，实现资源的回收利用。此外，在实际应用过程中，可以通过多级串联反相萃取来进一步提高反相萃取的效率[25]。

由于所采用的萃取剂为复配型混合有机溶剂，络合剂在萃取剂中所占的比重有所不同，导致萃取后产生的萃取液中络合剂的含量有所差别。考察了 P_{204} 与正辛醇的体积配比分别为 3∶2 和 1∶4 进行萃取后，萃取液对反萃取过程的影响。由图 6-15 可以看出，二者表现出的规律完全一致。都是呈先增加、后减小的趋势，在盐酸浓度为 2.0 mol/L 的时候，反萃取效果最佳。区别在于，采用 P_{204} 与正辛醇的体积配比为 1∶4 进行萃取后，得到的萃取液进行反萃取时，反萃取效率略低于 P_{204} 与正辛醇的体积配比为 3∶2 时对应的结果。

6.3.3　络合萃取用于实际金刚烷胺制药废水的处理

金刚烷胺的合成方法有多种，目前国内药厂多采用以双环戊二烯为原料经催化加氢、异构化、溴化、胺化的工艺生产金刚烷胺，其生产过程中产生的金刚烷胺废水污染物浓度高、组分复杂，并且具有很强的碱性。此外，废水中还含有较高浓度的金刚烷胺及其衍生物，这类物质具有很强的抗菌活性，可生物降解性极差，采用生化处理工艺难以实现污染物的有效降解去除。

试验用水取自东北某制药厂，其水质指标见表 6-8。

表 6-8　金刚烷胺废水水质特征

ρ/（mg/L）					pH	浊度/NTU
COD	TOC	TN	金刚烷胺	总溶解性固体		
$1.79×10^4$	2 951	3 286	493.4	$2.44×10^5$	13.8	$1.56×10^3$

6.3.3.1　不同络合剂的萃取效果

稀释剂不但可以改善萃取剂的流动和传质性能，还有利于分层，减少水的萃取率。选择极性溶剂正辛醇和惰性溶剂煤油作为稀释剂，研究不同稀释剂的极性对萃取效果的影响。在废水 pH 为 8.0 的条件下，按照油/水比为 1∶1 进行萃取，考察了稀释剂类型对萃取过程的影响，结果如图 6-16 所示。

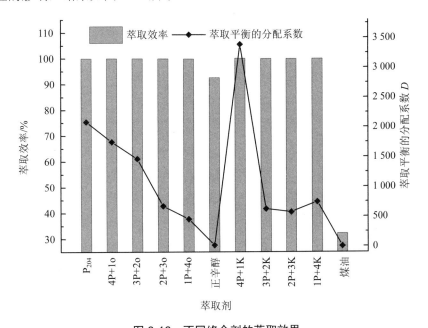

图 6-16　不同络合剂的萃取效果

注：图中横坐标字母 P 代表 P_{204}，o 代表正辛醇，K 代表煤油。"4P+1o"表示络合剂 P 占萃取剂总体积的 4 份，稀释剂 o 占 1 份（其他类推）。

由图 6-16 可以看出，在无络合剂存在的情况下，正辛醇的萃取效率远高于煤油。当采用复配萃取剂且萃取剂中稀释剂的浓度相同时，无论是采用正辛醇还是煤油作为稀释剂，都能够实现对废水中金刚烷胺的高效萃取。当萃取剂中络合剂的含量超过 20%时，采用两种稀释剂的萃取效率均达到99.7%以上。与正辛醇相比,煤油在价格上更具有优势,但煤油是一种烃类物质的混合物,不利于后续的反萃取分离,因此后续试验中均采用正辛醇作为稀释剂。P_{204}与金刚烷胺形成的离子型萃合物是具有一定极性的有机离子对,极性稀释剂的存在有助于金刚烷与 P_{204} 形成的离子对萃合物的溶解,且极性越强,对极性萃合物的溶解能力越强。从图 6-16 中还可以看出,当萃取剂中稀释剂的含量从 80%降低到 20%时,萃取效率并未发生较大变化,说明对于该浓度下的金刚烷胺废水,所采用剂量的萃取剂尚未达到其饱和容量。

6.3.3.2　不同 pH 条件下的萃取效果

萃取剂的萃取能力不仅与平衡 pH 有关,还与废水的初始 pH 有关[26]。金刚烷胺废水 pH 为 13.8,呈强碱性,采用浓硫酸调节废水 pH 分别至 7.0、8.0、9.0、10.0,用 0.45 μm 滤膜对废水进行过滤后,采用 60% P_{204} - 40%正辛醇的复配萃取剂,在油/水比为 1∶1 条件下,考察废水初始 pH 对萃取效率的影响,结果见图 6-17。由图 6-17 可见,在初始 pH 为 13.8,即不对金刚烷胺废水进行任何处理的条件下,金刚烷胺的萃取效率最低,为 99.4%,且萃取后废水乳化现象严重,分相比较困难,有机溶剂损失严重。而在 pH 为 7.0～10.0 时,金刚烷胺的萃取效率都高达 99.9%以上,分配系数也基本处于 1 500 以上。当 pH 为 9.0 时,分配系数高达 6 289。但试验中发现,在 pH 为 8.0 时萃取反应较容易进行,油/水两相分相迅速,跟 pH 为 9.0 时的结果相比,金刚烷胺的萃取效率变化不大。因此,在实际应用中调节废水 pH 至 8.0 更有利于萃取的进行。

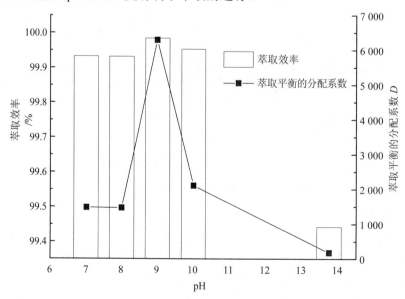

图 6-17　废水初始 pH 对萃取过程的影响

6.3.3.3　萃取剂的萃取容量

为考察萃取剂在一次萃取后是否还具有萃取能力，试验对萃取剂的萃取容量进行了研究。首先，在 pH 为 8.0 的金刚烷胺制药废水中加入 60% P_{204} - 40%正辛醇的新鲜复配萃取剂，按照 1∶1 相比进行萃取，分离出一次萃取液；然后向一次萃取液中加入新鲜的金刚烷胺废水进行二次萃取，分离出二次萃取液；再次向二次萃取液加入新鲜金刚烷胺废水进行三次萃取，三次萃取液中金刚烷胺浓度及萃取效率的变化情况见图 6-18。由图 6-18 可以看出，尽管随着萃取次数的增多，萃取效率略微有所下降，但三次萃取的效率都在 99.3%以上，说明所选择的复配萃取体系对废水中的金刚烷胺具有很强的选择分离性能和较高的萃取容量。

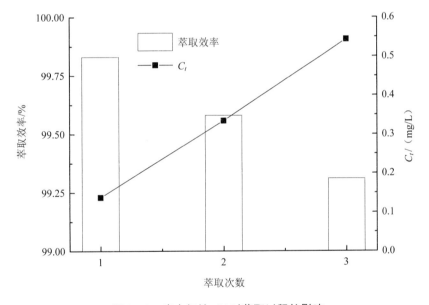

图 6-18　废水初始 pH 对萃取过程的影响

6.3.3.4　负载有机相的反萃取和重复利用

萃取剂的回收及再利用是决定萃取法能否应用于实际废水处理的关键。为了实现萃取剂的再生和萃取溶质的资源化利用，考虑到反萃取后形成的金刚烷胺盐酸盐的回收，试验采用不同浓度的 HCl 溶液反萃负载有机相中的金刚烷胺。

试验首先采用组成为 60% P_{204} - 40%正辛醇和组成为 20% P_{204} - 80%正辛醇的复配萃取剂，按照 1∶1 的相比对金刚烷胺废水进行萃取分离。然后以得到的萃取液为研究对象,以不同浓度的 HCl 溶液为反萃取剂,按照 1∶1 的相比进行反萃取试验,结果参见图 6-19。由图 6-19 可以看出,当 HCl 溶液浓度由 0.1 mol/L 增大至 1.0 mol/L 时,反萃取效率逐渐增大。对于不同萃取体系下得到的萃取液,在进行反萃取时,所得到的反萃取效率并不相同,20% P_{204} - 80%正辛醇体系要优于 60% P_{204} - 40%正辛醇体系。当 HCl 溶液的浓度为 1.0 mol/L 时,反萃取效果最好,两个体系下的最佳反萃取效率分别为 51.7%和 30.9%。在实际应用过程中,可以通过多级反相萃取进一步提高反萃取的效率。

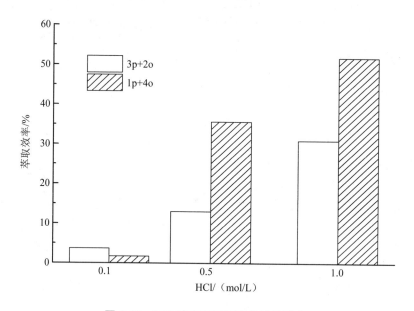

图 6-19　HCl 浓度对反萃取效果的影响

为考察萃取剂的可重复利用性,在油水相比为 1∶1 的条件下,采用组成为 20% P_{204} - 80%正辛醇的复配萃取剂对金刚烷胺废水进行了多次萃取和反萃取试验,再生后的萃取剂对废水中金刚烷胺的萃取效率结果如图 6-20 所示。由图可见,萃取剂经过 8 次萃取-反萃取循环使用后,萃取效率没有明显的降低。20% P_{204} - 80%正辛醇的复配萃取剂处理金刚烷胺废水表现出了良好的稳定性。

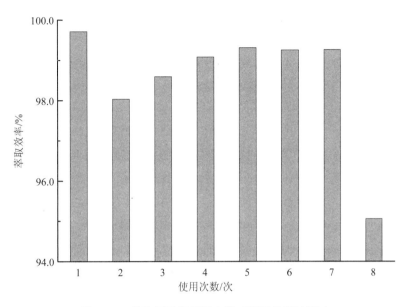

图 6-20　萃取剂重复利用次数对萃取效率的影响

6.3.4　小结

采用组成为 P_{204} -正辛醇的复配萃取剂处理高浓度金刚烷胺制药废水，在初始 pH 为 8.0，油/水比为 1：1，25℃条件下进行萃取，能够去除废水中 99.7%以上的金刚烷胺，萃取剂可以多次重复使用。

在反萃取过程中，以 1.0 mol/L 的 HCl 溶液为反萃取剂，按照 1：1 的油/水比可将 51.7%的金刚烷胺从萃取液中反萃分离，回收得到的金刚烷胺盐酸溶液可以回用到金刚烷胺的生产工艺过程。

采用 P_{204}-正辛醇络合萃取体系处理高浓度金刚烷胺废水，可有效分离回收废水中的金刚烷胺，实现废水中金刚烷胺的资源化利用。

参考文献

[1]　林维凤. 关于盐酸黄连素合成中环合反应的研究[J]. 沈阳化工，1981，1：16-20.

[2]　葛丽颖，刘定富，曾祥钦，等. 酸性含铜电镀废水处理[J]. 电镀与环保，2007，27（2）：86-89.

[3]　姜力强，郑精武，刘昊. 电解法处理含氰含铜废水工艺研究[J]. 水处理技术，2004，30（4）：153-157.

[4]　刘艳艳，彭昌盛，王震宇. 电解电渗析联合处理含铜废水[J]. 电镀与精饰，2009，31（4）：33-39.

[5]　Hunsom M，Pruksathorn K，Damronglerd S，et al. Electrochemical treatment of heavy metals（Cu^{2+},

Cr^{6+}, Ni^{2+}) from industrial effluent and modeling of copper reduction [J]. Water Research, 2005, 39 (4): 610-616.

[6] 吴顺年, 陈嘉平, 章北平. 用表面修饰的活性炭吸附废水中的铜离子 (英文) [J]. 华中科技大学学报 (城市科学版), 2002, 19 (1): 33-37.

[7] 李博, 刘述平. 含铜废水的处理技术及研究进展[J]. 矿产综合利用, 2008 (5): 33-36.

[8] 汤心虎, 甘复兴, 乔淑玉. 铁屑腐蚀电池在工业废水治理中的应用[J]. 工业水处理, 1998, 18 (6): 4-6.

[9] 韩洪军, 刘彦忠, 杜冰. 铁屑-炭粒法处理纺织印染废水[J]. 工业水处理, 1989, 17 (6): 15-17.

[10] 王心乐, 李明玉, 宋琳, 等. 络合萃取对煤制气洗涤废水中酚的回收[J]. 暨南大学学报 (自然科学版), 2009, 30 (1): 75-79.

[11] LI S J, ZHANG L, CHEN H I, et al. Complex extraction and stripping of Hacid wastewater [J]. Desalination, 2007, 206 (1-3): 92-99.

[12] Dong L C, Huang S J, Luo Q, et al. Glutathione extraction and mass transfer in di- (2-ethylhexyl) ammonium phosphate/octanol reverse micelles [J]. Biochemical Engineering Journal, 2009, 46 (2): 210-216.

[13] Tan S Y, Xu D, Dong L C, et al. Solvent extraction of butyl acetate from lovastatin wastewater using liquid paraffin [J]. Desalination, 2012, 286: 94-98.

[14] Shen S F. Solvent extraction separation of tyramine from simulated alkaloid processing wastewater by Cyanex 923/kerosene [J]. Separation and Purification Technology, 2013, 103: 28-35.

[15] Kakkar R, Raju R V S, Rajupt A H, et al. Amantadine: an antiparkinsonian agent inhibits bovine brain 60 kDa calmodulin-dependent cyclic nucleotide phosphodiesterase isozyme [J]. Brain Research, 1997, 749 (2): 290-294.

[16] 葛孝忠, 应黄慧, 陈晓, 等. 金刚烷类药物的研究进展[J]. 中国医药工业杂志, 2003, 34 (11): 49-52.

[17] 曾萍, 宋永会, Dresely J, 等. 金刚烷胺模拟废水 Fenton 氧化及其中间产物分析[J]. 环境工程技术学报, 2011, 1 (6): 455-459.

[18] 邹倩, 傅金祥, 姜浩, 等. 结晶法处理金刚烷胺废水[J]. 辽宁化工, 2009, 38 (12): 861-862.

[19] 刘晓冉, 李金花, 周保学, 等. 铁碳微电解处理中活性炭吸附作用及其影响[J]. 环境科学与技术, 2011, 34 (1): 128-131.

[20] 李德亮, 刘晴, 常志显, 等. 络合萃取分离极性有机物稀溶液的研究进展[J]. 化工进展, 2009, 28 (1): 13-18.

[21] 崔节虎, 李德亮, 郑宾国, 等. 二 (2-乙基己基) 磷酸络合萃取邻氨基苯酚的研究[J]. 环境化学, 2007, 52 (3): 671-675.

[22]　王晶仪，吴洪发，鲍妮娜，等. 玉米化工醇重组分中有机羧酸络合萃取过程[J]. 化工进展，2010，29（6）：1023-1026.

[23]　Zhang D L，Wang W，Deng Y F，et al. Extraction and recovery of cerium（IV） and fluorine（I）from sulfuric solutions using bifunctional ionic liquid extractants [J]. Chemical Engineering Journal，2012，179：19-25.

[24]　傅金祥，姜浩，唐玉兰，等. 硅藻土处理盐酸金刚烷胺废水[J]. 沈阳建筑大学学报（自然科学版），2011，27（2）：346-350.

[25]　李长海，李跃金. 萃取技术分离工业废水中的苯胺[J]. 环境工程学报，2011，6（2）：505-508.

[26]　杨得岭，宁朋歌，曹宏斌，等. 伯胺 N1923 络合萃取苯酚[J]. 过程工程学报，2012，12（4）：569-575.